数学の基礎体力をつけるための

ろんりの練習帳

中内 伸光／著

共立出版株式会社

まえがき

　最近，論理的に筋道をたてて説明できる大学生が少なくなってきています．近年の一般的風潮と言えば，それまでですが，理系，特に数学科の学生に関して言えば，「論理的に考えてそれを説明できる能力」は，彼らの専門の土台ですので，少し寂しい気がします．こうした論理的な思考を身につけるには，時間と労力が必要であることは，今も昔も変わりません．ただ，同じ時間をかけるなら，効率よく修得したいものです．また，演習の時間や 4 年のセミナーで苦しんでいる学生の姿を見るにつけ，こうしたことは，なるべく早い時期に，身につけておいた方が良いのではないかと感じています．そして，文章を論理的に取り扱う訓練は，**記号化による「思考の整理」**と，**反復練習による「習慣的定着」**により，たいへん効率の良いものとなります．本書は，予備知識なしで，そうした**「論理の必要事項」を修得するための「独習書」**です．「記号論理学」のテキストではないことに注意してください．また，独習書ということで，**簡単なことも冗長すぎるほど丁寧に書いてあります．**

　このような目的のため，記号論理学での普通の用法と異なる点がありますので，少し注意をしておきます．$p \to q$(p ならば q) という命題に加え，本書では，「$p \to q$ が真であること」を $p \Rightarrow q$ という記号で表しています．また，$(p \to q) \land (q \to p)$ という命題を「同値」と呼んで，$p \equiv q$ という記号を用いるのが標準的ですが，本書では，この命題が真であること，すなわち，$p \Rightarrow q$ かつ $q \Rightarrow p$ であることを「同値」と呼んで，$p \equiv q$ の記号を用いています[*]．このような「〜が真であること」という概念をおいたことは，記号論理学としての完結性より，とっつきやすさを選んだためです．

　本書は，筆者が勤務する山口大学理学部における講義の原稿をもとに，大幅に加筆したものです．私は「論理学」の専門家ではありませんが，逆に，**「使うため**

---

[*] 調べてみたら，少数ですが，このような記号の使い方をしている記号論理学の教科書があるようです．

の『論理』」という立場で，気軽に書くことができました．論理というのは，ムズカシイという印象がありますので，例題や演習問題のネタをなるべく親しみやすいものにするように心がけました．また，固さをできるだけ緩和するために，イラストを入れたいと思っていましたので，今回初めて Adobe の Illustrator を用いて，慣れない手つきで描きました．

最後になりましたが，本書のもととなる講義の板書を入力してくれた大学院生の山下雅人君[*]と，編集の際にお世話になりました共立出版 (株) の赤城圭さんに感謝します．（初版 2 刷の付記：初版のいくつかのミスを御指摘いただきました，山形大学の内田吉昭，上野慶介の両氏，ならびに，岡井孝行氏に感謝します．）

それでは，数学の基礎体力を養うために，まず，論理のストレッチから始めましょう．

　　くまさん：「よし，はじめるぞ，ストレッチ．」
　　はちべぇ：「えっ？　こんなところで，鳥を見るんですか．」
　　くまさん：「それは，バードウォッチ．『ッチ』しか合っとらんじゃないか．」

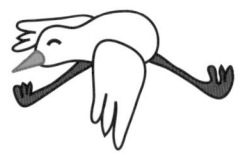

飛ぶ前に
　　まずはストレッチ

---

[*] 162 ページの「小さな牛」のイラスト（160, 161 ページにも登場）は，山下君によるものです．よく見ると，2 種類の牛がいます．

目　　次

- 第 0 章　数学を勉強していくための心得 1
  - 0.1　用語はなるべく英語を使ったほうが良い 1
  - 0.2　忍耐が必要である 2
  - 0.3　わかっているつもりの，大いなる錯覚 2

ろんりの練習（その 1）　　　5

- 第 1 章　命題論理 7
  - 1.1　命　題 7
  - 1.2　否　定 13
  - 1.3　論理積 16
  - 1.4　論理和 19
  - ＜＜ちょっと休憩＞＞　形式論理学と弁証法的論理学 21
  - 1.5　同　値 22
  - 1.6　ド・モルガンの法則 33
  - ＜＜ちょっと休憩＞＞　2 変数論理関数の話 37
  - 1.7　恒真命題と恒偽命題 40
  - 1.8　条件命題 43
  - 1.9　逆と対偶 47
  - 1.10　含意と同値 51
  - ＜＜ちょっと休憩＞＞　論理パズル 63
  - 1.11　証明の構造 64
  - 1.12　演習問題 67

ろんりの練習（その2） 73

第2章 述語論理 77
- 2.1 命題関数 77
- 2.2 全称命題 82
- 2.3 全称命題関数 88
- 2.4 存在命題 94
- 2.5 存在命題関数 99
- 2.6 全称と存在の順序 103
- 2.7 全称・存在の否定 106
- ≪ちょっと休憩≫ 様相論理学 111
- 2.8 実践例——ε-δ論法 112
  - (1) 数列の極限 112
  - (2) 関数の連続性 118
- 2.9 演習問題 123

しゅうごうの練習 127

第3章 集合と写像 129
- 3.1 集合 129
- ≪ちょっと休憩≫ 空集合 132
- 3.2 写像 150
- 3.3 濃度のはなし 158
- ≪ちょっと休憩≫ かし子とダメ夫の会話 173
- 3.4 演習問題 175

付録 183
- 演習問題の略解 185
- 公式集 217
- おまけ：Q and A 222

索引 225

第0章　数学を勉強していく ための心得

ここでは，数学を勉強していくための**3つの心得**を挙げておきます．

0.1 用語はなるべく英語を使ったほうが良い

これには2つの理由があります．1つは，外国語（特に，英語）の専門用語を，**全部和訳することには無理がある**からです．言葉に対する慣れの問題もありますが，例えば，"radio"（「ラジオ」）という英語を「無線受信機」と訳すよりは，"radio"でニュアンスが通じるなら，それに越したことはありません[*]．

もう一つの理由は，画数の多い日本語を書くより，英語（の省略形）で書いた方が，**手間がかからない**からです．これは，"radio"と「無線受信機」を比較してみるまでのこともないでしょう．

例として，数学者の間では普通に使われている必須英単語を省略形も添えて，いくつか列挙してみます．

用語	省略形	和訳
definition	def., dfn	定義
theorem	th., thm	定理
proposition	pr., prop.	命題[**]
lemma	lem., lemm.	補題
corollary	cor.	系
remark	rem., rmk	注意
proof	pr., pf., prf	証明
example	ex., expl.	例

---

[*] もちろん，「ラジオ」で通じれば，もっと良いですが，このような日常用語とは異なり，専門用語にカタカナ表記を求めるのは，いろんな意味で無理があります．

これ以外の省略形を用いる人も，たまにいますが，そのときは，書いた人に確認してみてください．省略形は，どれを用いてもかまいませんが，例えば proposition と proof には，同じ省略形 pr. がありますので，重複しない組み合わせを用いることに，注意しましょう．

0.2 忍耐が必要である

　数学を勉強していくには，「忍耐」が **たくさん** 必要です．数学の内容の理解には，**時間と労力がかかります**．よほどの天才でない限り，何でもすぐに理解できる人はいません．わからなくても絶対にあきらめないことです．結果はどうなろうとも，そうやって**費やした労力は決してムダにはならず**，**血となり肉となり**，**数学的な感性が磨かれてきます**．

0.3 わかっているつもりの，大いなる錯覚

　これは，多くの人が経験したであろう**落とし穴**ですので，よく聴いておいてください．まず一つ，例を挙げてみましょう．

「＋（足し算）って知ってる？」

と**小学生**に聞くと，

「知ってるよ．」

という返事が返ってくるに違いありません．でも，はたしてそうでしょうか？

**　**　（前ページ）第 1 章の冒頭の定義（定義 1.1.1）に出てくる「命題」とは，意味が少し違います．ここでの「命題」は，「『定理』より少し軽めに主張しておきたいことがら」のことです．また，「補題」は，「他の『定理』を証明する途中で，補助的に用いられる主張」のことであり，したがって，"重要度" から見ると，"補題＜命題＜定理" となります．このあたり，人によって少しニュアンスが違いますし，また，"重要度" が反映されていない場合もあります．実際，歴史的慣習から「〜の補題」と呼ばれているもので，そんじょそこらの定理より重要なものも少なくありません．一方，定義 1.1.1 における「命題」は，「論理学」の中で用いられる対象のことを指します．なお，**本書では，この混乱を避けるために，主張はすべて「定理」としました**．

0.3 わかっているつもりの，大いなる錯覚

「足し算」といっても，いろいろあります．実際，数の足し算以外にも，

$$\begin{aligned}
\text{多項式の足し算（和）} &\quad : \quad x^2 + 2x + 3 \\
\text{ベクトルの足し算（和）} &\quad : \quad \boldsymbol{u} + \boldsymbol{v} \\
\text{行列の足し算（和）} &\quad : \quad A + B
\end{aligned}$$

など多種多様です．数学では，このように，呼び名は同じでも概念が拡張されていたり，他の定義の類推から同じ名称を使ったり，「同音異義語」がたくさんあります．このあたりを心得ていないと，

「知っているのに，なぜわからないのだろう？」

という

「どこがわからないか」がわからない状態

に陥ります*．大事なことなので，繰り返します．

聞いたことのある用語や概念だからといって

勉強したことがあるかどうかは，わからない!!

のです．くれぐれも，このような「小学生」にはならないように，どんなことにも

「初めまして」

の心構えを忘れないようにしましょう．

---

* 「証明の仕方がわからない」と言ってくる人に，「じゃあ，定義は何なの？」と聞いてみると，

証明すべき定理の中に出てくる用語の定義を知らなかった

ことがよくあります．

ろんりの練習（その1）

「食べると太る」んだから，

「食べなけりゃ太らない」さ．

あなたは上の主張が**論理的に正しい**と思いますか？

正しいと思う ↙　　正しくない ↓　　↘ よくわからない

| 第1章へ進む | 念のため
第1章から
はじめる | 迷うことなく
第1章へ進む |

答えは次のページ

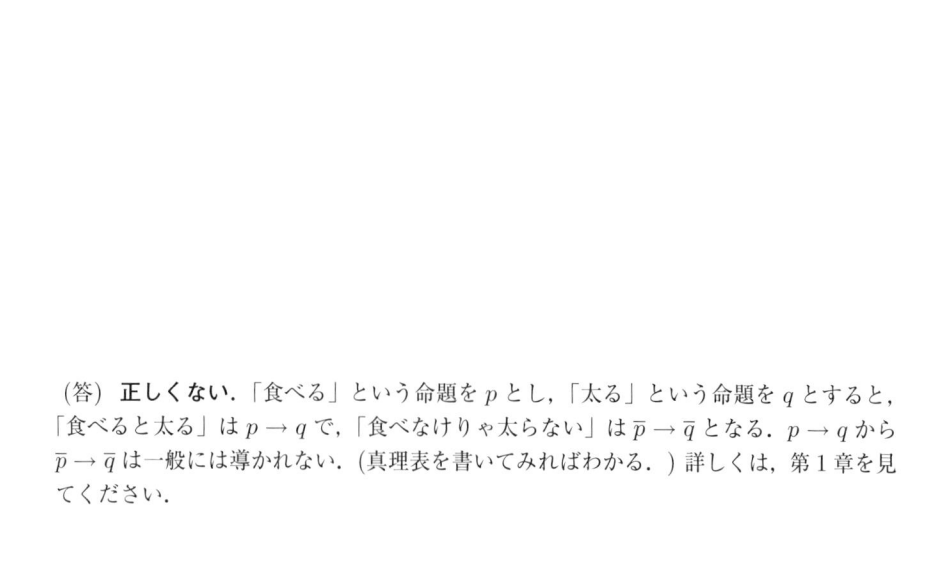

(答) **正しくない**．「食べる」という命題を p とし，「太る」という命題を q とすると，「食べると太る」は $p \to q$ で，「食べなけりゃ太らない」は $\bar{p} \to \bar{q}$ となる．$p \to q$ から $\bar{p} \to \bar{q}$ は一般には導かれない．（真理表を書いてみればわかる．）詳しくは，第 1 章を見てください．

第1章 命題論理

1.1 命 題

まずは，すべてのもととなる「命題」の定義から始めよう．

> **定義 1.1.1 (命題の定義)** 「正しいか正しくないかを**客観的に判断できる主張**」のことを**命題**という．

「**日本語表現のあいまいさ**」や「**『客観的な判断』の解釈**」で困る場合もあるが，ここでは細かいことを気にせずに進める[*]．定義が抽象的なので，少し例を見てみよう．

> **例 1.1.2**
> (1) 「$1+1=3$」は命題である．
> (2) 「松嶋菜々子は美人である」は命題でない．
> (3) 「ジャイアント馬場は背が高い」は命題でない．
> (4) 「ジャイアント馬場の身長は 2 メートル以上である」は命題である．

はちべぇ：「『$1+1=3$』が命題であるって，少しヘンじゃない？」
くまさん：「どうして？」
はちべぇ：「だって，『$1+1=2$』だぜ．」

---
[*] 気になる人は，まともな感覚の持ち主です．そもそも「正しい」というのは，何を判断基準にとるかによって違ってきます．

くまさん：「だから，『$1+1=3$』は正しくないと，客観的に判断できるわけで…．」
はちべぇ：「そうすると，正しくない『命題』ってことかい？」
くまさん：「そうそう．」
はちべぇ：「だけど，うちの90歳になる，ばあちゃんがさぁ．」
くまさん：「なに？」
はちべぇ：「時々，『$1+1=3$』って，ガンコに言い張るんだけど．」
くまさん：「それは単にボケてるだけじゃないか．」

はちべぇ：「ところで，『松嶋菜々子が美人でない』って？ 一体誰が言ったんだよ．」
くまさん：「『美人でない』というんじゃなくて，『美人であるというのが命題でない』と…．」
はちべぇ：「『命題でない』って，どういうこと？」
くまさん：「だから，『**美人かどうか客観的に判断できない**』と．」
はちべぇ：「松嶋菜々子は誰が見ても美人なんだ．真実は一つ，人類はみな兄弟．」
くまさん：「そうじゃなくてさ．」
はちべぇ：「ん？」
くまさん：「松嶋菜々子は美人というより，かわいいんだよ．」
はちべぇ：「それなら許す．」

はちべぇ：「ジャイアント馬場ってさぁ．」
くまさん：「なに？」
はちべぇ：「身長が2メートル9センチあったらしいぜ．」
くまさん：「そりゃ，すごい．」
はちべぇ：「それなら，誰が見ても，背が高いって思うんじゃないか．」
くまさん：「いや，それはあくまで主観的だよ．バレーボールの選手なんかは，2メートル10センチ以上ないと，背が高いって思わない人もいるんじゃないか．」
はちべぇ：「じゃあ，うちのばあちゃんの『$1+1=3$』と同じだね．」
くまさん：「違う，違う．それは問題外．」

例題 1.1.3 次は命題であるか否かを答えよ．
(1) 富士山は高い．
(2) 富士山は日本で一番高い山である．

(3) $1 \times 0 = 2$.
(4) UFO は存在する.
(5) ディズニーランドは東京にもある.
(6) 卓球よりバレーボールの方が人気が高い.
(7) 例題なのに，こんなことばかり書いていてはいけない.

解答
(1) 命題でない．（「高い」かどうかは主観的である．）
(2) 命題である．（客観的事実である．）
(3) 命題である．（正しくない事実である．）
(4) 命題である．（UFO を「空飛ぶ円盤」だと思っている人は大間違い．「未確認飛行物体」という正式な用語である．未確認の飛行物体はこれまでにも何度も確認されていることは言うまでもなく，したがって，正しい命題である．）
(5) 命題である．（命題であるが，正しくない．ご存知のように，「東京ディズニーランド」の所在地は千葉県である．）
(6) 命題でない．（「人気が高い」かどうかの客観的尺度がない．）
(7) 命題でない．（「書いてはいけない」かどうかは主観的である[*]．）

　数学に現れる主張はほとんどすべて命題なので，命題か否かということに煩わされることはない．科学は本来，誰しもが**客観的に判断**できる主張を扱うものであるが，よりいっそうの厳密さの点で，**自然科学は，人文・社会科学とは一線を画す**のかもしれない．なんて書くと，人文・社会科学の先生からは，お叱りを受けるかもしれないので，書くのはやめておこう．（書いとるやんか．）

　ここでちょっと進んだ一言．

注意 1.1.4

「この命題は正しくない」

という"**命題**"を考えると少しややこしいことになる．例えば，この命題が正しいとすると，「この命題は正しくない」ことになる．逆に正しくな

---
[*] 「こんなこと書いちゃいけないのは常識です」などという反論は直ちに却下する．

とすると,「『この命題は正しくない』ではない」となり,この命題は正しいことになってしまう.

　これは**自分自身に言及している主張**(再帰的主張)であるためである.実は,この構造は,135 ページで触れるラッセルのパラドックスと本質的に同じものであり,非常に深いものを含んでいる.これは,「**有限個のどんな公理から出発しても,正しいとも正しくないとも判断できない定理がある**[*]」というゲーデルの**不完全性定理**の証明の本質的部分にも用いられている.

くまさん:「自己言及的な例としては,『クレタ人[**]はうそつきだと,クレタ人が言った.』という有名な例(嘘つきパラドックス)もあるよ.」
はちべぇ:「昔,『私はウソは申しません』って言った政治家が,いきなり公約を破って….」
くまさん:「それは違うって.」
はちべぇ:「私はクレタ人です.」
くまさん:「….」

注意 1.1.5　命題は記号では $p, q, r, \cdots$ で表されることが多い.
　これは 命題 (proposition) の頭文字が p だからで,ちょうど,関数 (function) の記号に $f, g, h, \cdots$ を使うのと同じ状況である.

はちべぇ:「『命題 p』って,言ったりするのかな.」
くまさん:「その通り.」
はちべぇ:「命題 $p, q, r, \cdots$ と進んでいくとね.」
くまさん:「うん.」
はちべぇ:「命題 z で終わるから,命題は有限個しか扱えないよね.」
くまさん:「そういうときは,添え字を付けて,$p_1, p_2, p_3, \cdots$ って,増やすの.」
はちべぇ:「そうか,添え字を付けると,増えるんだぁ〜.よし,それなら.」
くまさん:「ん? 何してるの?」

---

[*] 本書は「正しい」という"用語"で始めたので,こう書きましたが,もう少し正確には,「**自然数論を含む無矛盾な理論の体系には,それ自身もその否定もどちらも証明できないような命題が存在する**」というのがゲーデルの第 1 不完全性定理です.

[**] クレタ島という島があるらしい.そこの住人のこと.

はちべぇ：（ごそごそしている）
くまさん：「千円札に添え字を書いたって，増えないって．」

> **例 1.1.6**
> $p : 2 \times 3 = 6$
> $q :$ 日本の首都は京都である
>
> とおくと，命題 p は正しいが，命題 q は正しくない．

はちべぇ：「そういえば，うちのガンコおやじが，『昔から日本の首都は大阪だ』と….」
くまさん：「君の親戚って，そんな人ばっかりかぁ．」

これまで，「正しい」とか「正しくない」という言葉を用いてきたが，数学的には次の用語を用いる．

> **定義 1.1.7 (真偽)** ある命題が与えられたとき，それが正しければその命題は**真** (true) であるといい，逆に，それが正しくなければ，その命題は**偽** (false) であるという．

> **定義 1.1.8 (真理値)** 真であることを **1** あるいは **T** (true の T)，偽であることを **0** あるいは **F** (false の F) と略記して，命題の**真理値**[*]と呼ぶ．

> **注意 1.1.9** 真理値 1, 0 は，2 進数に対応している．これにより，様々な論理的操作が，2 進法の演算として表現でき，コンピュータの基本的な原理をささえている．

はちべぇ：「ついに，コンピュータの登場か．」
くまさん：「スイッチオンが 1 で，スイッチオフが 0 と考えれば，しごく当然．」

---

[*] 英語 "truth value" の直訳です．この「真理値」や，あとで出てくる「真理表」のことを「真偽値」，「真偽表」と訳す人がたまにいるようですが，あまりポピュラーではありません．

はちべぇ：「スイッチが半分入りかけ，ってのはないの？」
くまさん：「実はあるんだな，これが．」
はちべぇ：「えーっ，あるんだ，冗談だったのに．」
くまさん：「複数の値をとり得るのが**多値論理**．0と1の間の値をすべてとり得るのが，**ファジー論理**だな．」
はちべぇ：「『ファジー』って，少し前に流行った，あの『ファジー』？」
くまさん：「そうそう．**うちの掃除機も『ファジー』**だぜ．」
はちべぇ：「『ファジー』って，例えば，真理値が0.3だったりするの？」
くまさん：「その通り．それなら，**30％の割合で正しい**ってことだろうね．」
はちべぇ：「う〜ん．」
くまさん：「量子論的な考え方なんかとも相性がいいだろうね．」
はちべぇ：「う〜ん，私の頭の中の論理回路がショートしたらしい．**首の後ろのリセットスイッチ***を押してくれないか．」
くまさん：「あんたはアンドロイドか．しかも，処理機能は**電卓**なみだぞ．」

例 1.1.10 例 1.1.6 において，

命題 p の真理値は 1 である．

命題 q の真理値は 0 である．

例題 1.1.11 以下の命題 p_1, p_2, p_3, p_4, p_5 についてその真理値は何か答えよ．

p_1: 0 は偶数である．
p_2: 円周率 π は無限循環小数で表せる．
p_3: $\sqrt{5} < e$ である．（ただし，e は自然対数の底．）
p_4: $0.99999\cdots$（無限循環小数）$= 1$．
p_5: 最小の正の素数は 2 である．

---

* 何かと雑用が増えてきて，雑用モードから**頭の切り替えができるリセットスイッチ**が，あればいいなあと考えてしまう今日この頃です．ただ，リセットしたはいいが，**起き上がらなくなってしまった場合**は，非常に困ります．でも，今は**節電スリープモード**みたいだから，そうなってもあまり変わらないか．

1.2 否　定

解答

p_1 の真理値は 1 である．
p_2 の真理値は 0 である．
p_3 の真理値は 1 である．（$\sqrt{5} = 2.236\cdots, e = 2.718\cdots$ であるから．）
p_4 の真理値は 1 である[*]．（$\dfrac{1}{3} = 0.33333\cdots$ であるから[**]．）
p_5 の真理値は 1 である．（1 は素数でないことに注意．）

$$1 - 0.99999999\cdots$$
$$= 0.00000000\cdots$$
$$= 0$$

注意 1.1.12　　具体的な命題の意味内容には触れないで，**記号を使用し**，同じ真理値をとる命題は区別することなく，命題どうしの関係を**真理値のみに着目**して議論していく分野を**記号論理学**（または，**数理論理学**）という[†]．

1.2 否　定

定義 1.2.1 (否定)　　命題 p に対して「p でない」という命題を，

$$p \text{ の否定}$$

---

[*] 講義中に，手を挙げさせてみると，$0.99999\cdots$ と 1 とは違うと思っている学生が多かった．少しショック．

[**] 級数を使えば，$0.99999\cdots = 0.9 + 0.09 + 0.009 + \cdots = \dfrac{9}{10} + \dfrac{9}{10^2} + \dfrac{9}{10^3} + \cdots = 1$（初項 $\dfrac{9}{10}$，項比 $\dfrac{1}{10}$ の無限等比級数の和）．

[†] 「使うための記号論理学」という本書の立場から言うと，実際の運用では，「命題の内容には触れずに，真理値のみを考慮して議論する記号論理学の場面」と，「内容のある実際の主張を記号化して記号論理学の結果を適用する場面」の 2 つがあります．したがって，**本書で「命題」と言ったとき，真理値のみを考えている場合と，主張の内容も込めている場合の 2 つの場合がありますので**，注意してください．

といい，
$$\overline{p}$$
と書いて「p でない」あるいは「not p」と読む．

注意 1.2.2　$\overline{p}$ のことを $\sim p$ や $\neg p$ と書く流儀もある[*]．

例題 1.2.3　例題 1.1.11 における命題 p_1, p_2, p_3, p_4, p_5 について，その否定命題は何か答えよ．

|解答例|
$\overline{p_1}$：0 は偶数でない．
$\overline{p_2}$：円周率 π は無限循環小数で表せない．
$\overline{p_3}$：$\sqrt{5} \geq e$．
$\overline{p_4}$：$0.999\cdots \neq 1$．
$\overline{p_5}$：最小の正の素数は 2 でない．

定義 1.2.4 (真理表)　命題どうしの真理値の対応関係を示した表（以下の例を参照）を**真理表**という．

否定命題の真理表

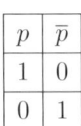

これは

---

[*] 論理記号にはいくつかの流儀がある．本書で使われる記号は，比較的標準的なものを採用した．論理記号の "流派" については，前原昭二「記号論理入門」（日本評論社）の p.173 の付録に「論理記号のいろいろ」という文章で簡潔にまとめられている．

1.2 否定

p の真理値が 1 のとき，$\bar{p}$ の真理値は 0
p の真理値が 0 のとき，$\bar{p}$ の真理値は 1

に対応していることを表している．

はちべぇ：「なんだ，この表は．クロスワードパズルかと思ったぞ．」
くまさん：「実際に，ノートや黒板に書くときは，簡単のため，**区切り線を一部省略して**，

p	$\bar{p}$
1	0
0	1

と書くことが多いよ．」
はちべぇ：「見方がよくわからん．」
くまさん：「横に見るんだ．上の説明にあるように，p が 1 のとき，$\bar{p}$ が 0 という風に．ん？ 何してる？」
はちべぇ：「どうだ，『くまさん』と『はちべぇ』の真理表だ．」

くまさん	はちべぇ
1	0
0	0

くまさん：「これは，どういう意味？」
はちべぇ：「1 は『働く』で，0 は『休む』だよ．そういうわけで，ここのあとかたづけをよろしく．」

注意 1.2.5 命題 p から命題 $\bar{p}$ を作る操作を考える．

(∗) $\quad p \longrightarrow \boxed{\text{否定}} \longrightarrow \bar{p}$

これを真理値で見ると，1 を入力すると 0 が出力され，0 を入力すると 1 が出力される．

このように，入力と出力を基本とするデジタルなデータ（"0" と "1"）の流れで構成されたものを**論理回路**といい，コンピュータの設計 (**論理設計**) に用

いられる*. (∗) は **NOT 回路**と呼ばれ，記号で

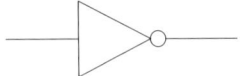

と表される．

1.3　論理積

定義 1.3.1 (論理積)　2つの命題 p, q に対して「p であり，かつ**, q である」という命題を，

$$p \text{ と } q \text{ の}\textbf{論理積}^\dagger (\text{logical product})$$

といい，

$$p \wedge q$$

と書いて††，「**p かつ q**」あるいは「**p and q**」と読む．

p, q ともに真理値は 1 か 0 をとるから，それらの真理値の組み合わせは $2 \times 2 = 4$ 通りである．したがって $p \wedge q$ の真理表は次のようになる．

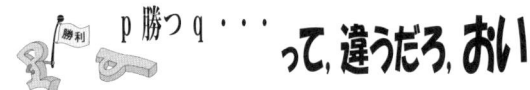

---

*　ただ，実際には，このようなところ (基礎理論) にまで立ち戻ることは，まれであろう．

**　今どき，「かつ」などという古めかしい言葉を，ふだんの生活では用いないかもしれませんが，要するに，"and" と言う意味です．数学の世界では，これは**立派な日常用語**として使われています．ただ，「かつ」という言葉が気にいらない人は，"and" という意味がちゃんと伝わる表現ならば，他の言葉（例えば「そして」とか「しかも」とか）を使っても問題ありません．それから，少し脱線しますが，「A と B」というときの「と」は，ふつうは "and" の意味ですが，「$x^2 = 1$ となるのは，$x = 1$ と $x = -1$ である」というときの「と」は，後出 (定義 1.4.1) の "or" として表現した方が誤解が少ないです．このように，「と」だから "and" と**機械的に当てはめるのは大変危険です**ので注意してください．

†　「連言」または「合接」（どちらも，"conjunction" の訳）ともいう．

††　古い用法であるが，$p \wedge q$ を $p \cdot q$ と書く流儀もある．

1.3 論理積   17

論理積の真理値表

p	q	$p \wedge q$
1	1	1
1	0	0
0	1	0
0	0	0

これは，表の各々の行が，それぞれ，

p の真理値が 1 で q の真理値が 1 のとき，$p \wedge q$ の真理値は 1
p の真理値が 1 で q の真理値が 0 のとき，$p \wedge q$ の真理値は 0
p の真理値が 0 で q の真理値が 1 のとき，$p \wedge q$ の真理値は 0
p の真理値が 0 で q の真理値が 0 のとき，$p \wedge q$ の真理値は 0

に対応していることを表している．

はちべぇ：「横に見ていけばいいんだな．p が 1 で，q も 1 のときは，$p \wedge q$ も 1 か．」
くまさん：「そうそう，その調子．」
はちべぇ：「でも，今日は $p \wedge q$ は 0 ということにしておこう．」
くまさん：「こらこら勝手に変えるんじゃない．」
はちべぇ：「いいんだ．そのときの気分によるから．」
くまさん：「どうして？」
はちべぇ：「私のは『真理値』じゃなくて**『心理値』**だからね．」
くまさん：「さむ〜〜〜．」

　この論理積に対応する論理回路を，AND 回路と呼び，次の記号で表す．

AND 回路

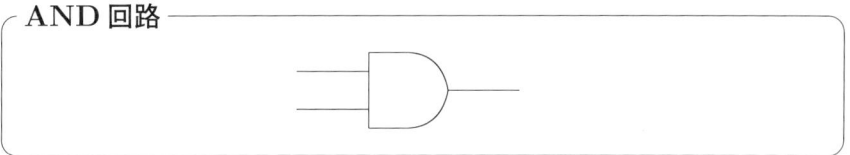

はちべぇ：「これは家庭用のコンセントかな？」
くまさん：「『AND 回路』だって書いてあるだろ．論理回路を構成するときのパーツの 1 つだ．」

はちべぇ：「見方がわからんないんですけど．」
くまさん：「左側に 2 本，右側に 1 本，線が出ているだろう．」
はちべぇ：「やっぱりコンセントだな．」
くまさん：「違うって．左側の 2 本が入力で，右側の 1 本が出力だ．」
はちべぇ：「出力が 1 本ということはステレオじゃなくて，今どき，モノラルかぁ．」
くまさん：「通勤用のポケットラジオはそうなんだよな．」
はちべぇ：「チューナーつきのウォークマンを買えよ．」
くまさん：「誰がラジオの話をしとるんだ．そうじゃなくて，左側から p と q の真理値をそれぞれ入力すると，右側から $p \wedge q$ の真理値が出てくるというわけだ．

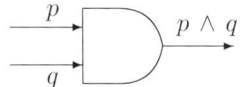

例えば，左から 1 と 1 を入力すると，右から 1 が出力される．」
はちべぇ：「そろそろ，休憩しません？ お茶の水博士．」
くまさん：「『お茶にしません？ お茶の水博士』なんて 3 歳の子供でも笑わんぞ．まあいい．休憩の前に，もう 1 つ例題を見て奥の細道．」
はちべぇ：「うぁぁぁ〜」

例題 1.3.2 以下の命題 p, q についてそれぞれの論理積 $p \wedge q$ はどういう命題になるかを答えよ．
(1) p：おやつは 300 円以内である．
    q：おこづかいは 500 円以内である．
(2) p：$1 + 2 = 3$．
    q：$1 \times 2 < 3$．
(3) p：明石屋さんまは男である．
    q：明石屋さんまの身長は 170cm 以上である．

解答例
(1) $p \wedge q$：おやつは 300 円以内で，おこづかいは 500 円以内である*．
(2) $p \wedge q$：$1 + 2 = 3$，かつ，$1 \times 2 < 3$．
(3) $p \wedge q$：明石屋さんまは男で，身長は 170cm 以上である．

くまさん:「で，300円を越えたおやつにつきましては，私が食べておきました.」
はちべぇ:「**あ゛〜〜〜**.」

もらいもの**なので**
0円です.

1.4 論理和

> **定義 1.4.1 (論理和)** 2つの命題 p, q に対して「p であるか，または，q である」**という命題を，
> $$p \text{ と } q \text{ の論理和}^\dagger \text{(logical sum)}$$
> といい，
> $$p \vee q$$
> と書いて††,「p **あるいは** q」あるいは「p **or** q」と読む.

論理和の真理表は次のようになる.

論理和の真理値表

p	q	$p \vee q$
1	1	1
1	0	1
0	1	1
0	0	0

論理和に対応する論理回路を，OR 回路と呼び，次の記号で表す.

---

* (前ページ) 修学旅行や遠足の前になると,「**安売りで買ったおやつは，その値段で計算しても良いのですか**」とか,「**バナナはおやつに入るんですか**」とか**お約束の質問**をする人間が，クラスには必ずいたものだった．ちなみに,「バナナはおやつに入るんですか」というフレーズは，嘉門達夫の曲 (タイトル忘れた) の中にも収録されていたと記憶している.

** この「または」は「どちらか一方のみ」という意味ではなく,「両方とも」の場合も含んでいます. 上の真理表で確認してください.

$\dagger$ 「選言」または「離接」(どちらも，"disjunction" の訳) ともいう.

$\dagger\dagger$ 古い用法であるが, $p \vee q$ を $p + q$ と書く流儀もある．この流儀では，$\wedge$ と $\vee$ の代わりに，$\cdot$ と $+$ を用いるのだが，$\cdot$ と $+$ は，$\wedge$ と $\vee$ の双対性 (注意 1.5.11 とその脚注を参照) を連想させないので，あまり良い記号とはいえない.

OR 回路

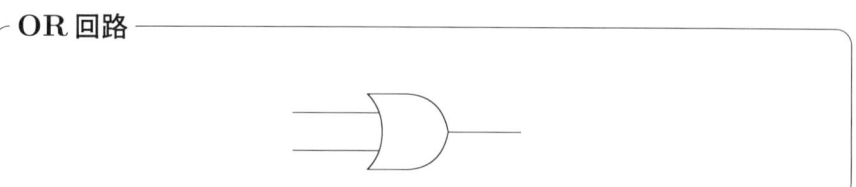

はちべぇ：「『論理積』と『論理和』は，回路図の記号が似てるね．」
くまさん：「確かにそうだね．『意味も記号も，"and"より"or"の方がやわらかい』と覚えておけばいいんじゃないかな．」
はちべぇ：「それは，無理があるなぁ．」
くまさん：「回路図は，情報処理の勉強をしている人にとっては基本事項だけど，そうじゃなければ，忘れちゃっていいぞ．」
はちべぇ：「初めから，覚えてませんです，はい．」
くまさん：「『論理積』と『論理和』なんていう用語だって，どうでも良くて，ここで大切なのは，∧ と ∨ の**記号と意味**，そして，**真理表**なんだ．」
はちべぇ：「私にとって大切なのは，**今晩の食事とデザート**，そして，**献立表**なんだ．」
くまさん：「一生，食ってろ．」

例題 1.4.2 以下の命題 p, q について，それぞれの論理和 $p \lor q$ はどういう命題になるかを答えよ．
(1) p：明日は遠足である．
　　q：明日は運動会である．
(2) $p : 2 < 3$．
　　$q : 2 = 3$．
(3) p：和田アキ子は男である．
　　q：和田アキ子は女である．

解答例
(1) $p \lor q$：明日は遠足か，または運動会である．
(2) $p \lor q$： $2 \leq 3$．
(3) $p \lor q$：和田アキ子は，男または女である．

1.4 論理和

くまさん：「でもって，上の (3) の命題 $p \vee q$，すなわち，「和田アキ子は男か女である」の真理値が 1 であるのは，皆さん，もうおわかりですね．」

はちべぇ：「あの～，ニューハーフ* はどうなるのですか？」

くまさん：「絵に描いたような，お約束のボケじゃ．上の『男』と『女』というのは，生物学的な性別のことを言っておるんじゃ．ニューハーフと言えども，そうした性別は決まるじゃろ．」

はちべぇ：「でも，このあいだテレビで見た人なんか，普通の女の人より女らしかったぞ．」

くまさん：「それでも，遺伝子調べりゃ，わかるの．」

はちべぇ：「**カタツムリ**なんかは，両性具有らしいし．」

くまさん：「和田アキ子は，カタツムリかぁ．」

<<ちょっと休憩>> 形式論理学と弁証法的論理学

　形式論理学 (数理論理学)** と弁証法的論理学は，議論の次元と内容が異なるが，たまに，この 2 つが対比されることがあるので，少し触れておくことにしよう．実際の世の中を見回すと，真か偽か，白黒はっきりしていないものがたくさんある．例 1.1.2 にあげた「美人である」という主張をあげるまでもなく，日常生活でやりとりする情報には，命題でないものも多い．実際，「～である」と「～でない」という 2 つの矛盾する主張がぶつかって，世間をにぎわすこともしばしばである．このような「矛盾」を発展の原動力と見るのが，ヘーゲルの弁証法である．弁証法の立場では，当初は形式論理学を完全に否定していたが，現在では，「形式論理学は一定の適用範囲内で適用すべきであって，その範囲を越えるものは，弁証法によるべきだ」という意見に落ち着いている．数理論理学の立場からいうと，「適用範囲」はせいぜい，自然科学の分野しか念頭においていないのであって，世の中のすべての事象を数理論理学で扱おうなどという考えは毛頭ないだろう．まぁ，白黒以外の「灰色」も扱おうとする多値論理やファジー論理なら，少しは適用範囲が広がるかもしれないが．

---

　*　「ニューハーフ」という言葉を知らない紳士・淑女の皆さんは，読み飛ばしてください．

　**　命題の内容ではなく，命題どうしの関係，形式に基づいた論理学を一般に「形式論理学」という．アリストテレス以来，古くからあった「(古典的) 形式論理学」を，記号化して数学的に整備したものが「記号論理学 (数理論理学)」である．

1.5 同値

> **定義 1.5.1 (同値)**　2つの命題 p, q の真理値（真理表）が一致するとき，
> $$p \text{ と } q \text{ は}\textbf{同値である}$$
> といい，
> $$p \equiv q$$
> と書く．

> **定理 1.5.2 (反射律)**　$\overline{\overline{p}} \equiv p$

証明　真理表は

p	$\overline{p}$	$\overline{\overline{p}}$
1	0	1
0	1	0

となるから，$\overline{\overline{p}}$ と p の真理値は同じである．したがって，$\overline{\overline{p}} \equiv p$ となる．　□*

はちべぇ：「う～ん．」
くまさん：「どうしたの．」
はちべぇ：「上の真理表の書き方がわからん．」
くまさん：「簡単だよ．まず，最初に p の真理値を書くだろ．」

p
1
0

はちべぇ：「うん．」
くまさん：「次に，その p の真理値を見ながら，$\overline{p}$ の真理値を入れる．」

p	$\overline{p}$
1	0
0	1

はちべぇ：「なるほど．」

---

*□ は，「証明の終わり」を表す記号である．その他にも，**q.e.d.** (ラテン語の "quod erat demonstrandum" の略．意味は，"which was to be proved") や ∥ などがよく用いられる．

くまさん:「さらに，今度は $\overline{\overline{p}}$ の真理値だね．$\overline{\overline{p}}$ ってのは，$\overline{p}$ の否定なんだから，今書いたばかりの $\overline{p}$ の真理値を横目で見ながら，$\overline{\overline{p}}$ の真理値を入れれば，できあがりさ．簡単だろ．」

はちべぇ:「なるほど，横にどんどん広がっていくわけか．」

くまさん:「その通り，複雑なものでも，これを繰り返していけば，いつかは完成するんだ．」

****

くまさん:「何やってんだい？」

はちべぇ:「**日本語って，『否定』に甘い**と思わない？」

くまさん:「どうして？」

はちべぇ:「だって，日本語は，動詞が文の最後にくるから，最後まで聞かないと，肯定しているのか，否定しているのか，わからないじゃない．」

くまさん:「うん，確かに．」

はちべぇ:「『〜でないことはない』なんていう二重否定なんか使われると，一瞬なんのことかわからなくて，**ミーアキャットの直立状態**になったりするじゃない．」

くまさん:「ならん，ならん．」

はちべぇ:「で，そういう場合に備えてだな，何重否定でもどんと来い，の『**万能"否定"真理表**』というのを，作ってるんだ．」

くまさん:(何か，いやな予感….)

はちべぇ:「ほら，これだ．

p	$\overline{p}$	$\overline{\overline{p}}$	$\overline{\overline{\overline{p}}}$	$\overline{\overline{\overline{\overline{p}}}}$	$\overline{\overline{\overline{\overline{\overline{p}}}}}$	$\overline{\overline{\overline{\overline{\overline{\overline{p}}}}}}$	……
1	0	1	0	1	0	1	……
0	1	0	1	0	1	0	……

まだ書きはじめたばかりで，未完成なんだけど….」

くまさん:「一生やってなさい．君の存在自体を否定したいよ．」

定理 1.5.3 (ベキ等律)　(1) $p \wedge p \equiv p$ *
　　　　　　　　　　　　　(2) $p \vee p \equiv p$

はちべぇ:「『ベキ等律(とうりつ)』って，どういう意味？」

くまさん：「∧ をかけ算 (積) とみて，p のベキ $p \wedge \cdots \wedge p$ がすべて，p と "等しい"(同値である) ということだ．ベキ等律を繰り返し適用すればわかることだが．」

はちべぇ：「『ベキ』って何？」

くまさん：「『累乗』のことだよ．最近は，『ベキ』という言葉を，高校でもあまり使わなくなったらしい[**]．」

はちべぇ：「何度も**かけたもの**を『ベキ』っていうんだぁ．」

くまさん：「何を言ってるんだ．私と同年代のくせして．習っただろ．」

はちべぇ：「ボク，わかんな〜い．」

くまさん：「こらこら．」

はちべぇ：「それなら，私の家にもたくさんあるぞ．」

くまさん：「どんなものが？」

はちべぇ：「1 週間前に作ったシチューなんか，何度，火に**かけなおした**ことか．あれはもう，相当な『ベキ』だな．」

くまさん：「何の話をしているんだよ．」

はちべぇ：「でも，**もう原型をとどめてないぜ．シチューには，『ベキ等律』は成り立たないんだな．**」

くまさん：「もしかして，このオチが言いたいために，ここまでひっぱったの？」

はちべぇ：「少し煮込みすぎたみたい．」

くまさん：「**あんたの頭を煮込みなさい．**」

定理 1.5.3 の証明　真理表は，以下のようになる．

p	$p \wedge p$
1	1
0	0

真理値が一致するから，同値である．　□

---

[*]（前ページ）同値の記号 "≡" はふつうの等号 "=" と同様に，"≡" の左側の部分 (左辺) と右側の部分 (右辺) をそれぞれ一つのかたまりと見なします．したがって，$(p \wedge p) \equiv p$ とカッコをつけなくても良いわけです．本書での扱い方とは異なり，記号論理学では，同値 "≡" は否定 " ̄"，論理積 "∧"，論理和 "∨"，と同じレベルの記号として扱われますが (注意 1.10.15)，**記号の強弱**の意味で (70 ページの補足を参照のこと) 同値 "≡" が**最も弱い**記号であり，この場合もカッコはつけなくても良いです．

[**]「ベキ」は漢字で書くと，「巾」(正式には，「冪」または「羃」)．無意識に「巾等律」と書いたら，講義が終わってから，読み方を質問に来た学生が複数いた．

1.5 同　　値

はちべぇ：「なんか，これって，そのまんまじゃない？」
くまさん：「何が？」
はちべぇ：「ベキ等律の真理表が．」
くまさん：「でき上がりは，そう見えるけど，途中経過がちゃんとあるんだって．」
はちべぇ：「どんな？」
くまさん：「p が 1 のとき，$p \wedge p$ の左側の p が 1 で，右側の p も 1 だから，論理積 $p \wedge p$ は 1 となる．p が 0 のときも，同様にして，$p \wedge p$ は 0 となる．」
はちべぇ：「ふ〜ん．でも，出来上がりが同じなら，何も考えずに，**適当**にそのまま書いちゃった方が楽だな．」
くまさん：「それじゃ，**ベキ等律**でなくて，**適当律**（てきとうりつ）だよ．」
はちべぇ：（イスから，ころげ落ちる）

定理 1.5.4 (交換律 *)　　(1)　$p \wedge q \equiv q \wedge p$
　　　　　　　　　　　　　(2)　$p \vee q \equiv q \vee p$

証明　(1)　真理表を書くと，

p	q	$p \wedge q$	$q \wedge p$
1	1	1	1
1	0	0	0
0	1	0	0
0	0	0	0

となり，真理値が一致するから，同値である．
(2) 同様に，以下の真理表から明らか．

p	q	$p \vee q$	$q \vee p$
1	1	1	1
1	0	1	1
0	1	1	1
0	0	0	0

□

---

* 代数的には，**ものごとが交換できる**現象は，どちらかというと少数派です．

くまさん：「交換律の真理表も，ズルをせず，1つ1つ確かめながら，真理値を入れていこうね．おい，こら，言ってるそばから，何してるんだ．」
はちべぇ：「こうしていると，**小学生のときの漢字の書き取り**を思い出すなぁ．」
くまさん：「どうして．」
はちべぇ：「『国』という文字を20回書け，っていう課題があると，まず，□だけを手っ取り早く，先に20個並べて書いちゃって．」
くまさん：「….」
はちべぇ：「あとで，『玉』の文字を入れて行くんだ．ちょうど，タコ焼きに，具を入れていく要領かな．」
くまさん：「そのたとえは，関西人にしかわからないと思うぞ*．」
はちべぇ：「小学生にして，**大量生産**や**効率化**ってのを実践していたんだろうね．」
くまさん：「**単に無精**だっただけじゃないか．」

定理 1.5.5 (結合律)　(1)　$(p \wedge q) \wedge r \equiv p \wedge (q \wedge r)$
　　　　　　　　　　 (2)　$(p \vee q) \vee r \equiv p \vee (q \vee r)$

証明　真理表で示す．

(1)

p	q	r	$p \wedge q$	$(p \wedge q) \wedge r$	$q \wedge r$	$p \wedge (q \wedge r)$
1	1	1	1	1	1	1
1	1	0	1	0	0	0
1	0	1	0	0	0	0
1	0	0	0	0	0	0
0	1	1	0	0	1	0
0	1	0	0	0	0	0
0	0	1	0	0	0	0
0	0	0	0	0	0	0

---

*　関西では，「**家庭用タコ焼き器**」というのがあります．幼少の頃から「お手伝い」と称して，タコ焼きの実践練習をします．

1.5 同値　　　　　　　　　　　　　　　　　　　　　　　　　27

(2)

p	q	r	$p \vee q$	$(p \vee q) \vee r$	$q \vee r$	$p \vee (q \vee r)$
1	1	1	1	1	1	1
1	1	0	1	1	1	1
1	0	1	1	1	1	1
1	0	0	1	1	0	1
0	1	1	1	1	1	1
0	1	0	1	1	1	1
0	0	1	0	1	1	1
0	0	0	0	0	0	0

□

くまさん：「どうだ，今度はズルができないだろ．」

はちべぇ：「イッキに8行に増えたな．」

くまさん：「そりゃ，命題が p, q, r と3つあって，それぞれが1か0の2つの真理値をとり得るんだから，全部で $2 \times 2 \times 2 = 8$ 通りさ．」

はちべぇ：「なるほど．それでどうするんだい？」

くまさん：「3つの命題がからんだ真理表を作るには，**まず，p, q, r のすべての組み合わせを書き上げなきゃならない**．こういう風にね．」

p	q	r
1	1	1
1	1	0
1	0	1
1	0	0
0	1	1
0	1	0
0	0	1
0	0	0

はちべぇ：「なんか複雑そうだね．」

くまさん：「いや，何回かやっていると，覚えてしまうよ，おまじないのようにね．ほら，縦に読んでいって，1, 1, 1, 1, 0, 0, 0, 0, 1, 1, 0, 0, ⋯．」

はちべぇ：「はい，**みなさんもご一緒に ♡**」

くまさん：「まわりの人を巻き込まなくてよろしい．次に $(p \wedge q) \wedge r$ の真理値だが，一気に求めるのは難しいから，まず，各行の p と q に対して，$(p \wedge q)$ の真理値を求める．」

p	q	r	$p \wedge q$
1	1	1	1
1	1	0	1
1	0	1	0
1	0	0	0
0	1	1	0
0	1	0	0
0	0	1	0
0	0	0	0

はちべぇ：「はい，はい．」

くまさん：「$(p \wedge q) \wedge r$ というのは $(p \wedge q)$ と r の論理積だから，各行について，いま計算した $(p \wedge q)$ の真理値と r の真理値から，$(p \wedge q) \wedge r$ の真理値の計算をする．

p	q	r	$p \wedge q$	$(p \wedge q) \wedge r$
1	1	1	1	1
1	1	0	1	0
1	0	1	0	0
1	0	0	0	0
0	1	1	0	0
0	1	0	0	0
0	0	1	0	0
0	0	0	0	0

これで，$(p \wedge q) \wedge r$ の真理値が求まった．今度は，この横に続けて，$p \wedge (q \wedge r)$ について同じことをやればいいのさ．」

はちべぇ：「確かに，上の解答にある真理表ができたね．」

くまさん：「最後に，真理表の $(p \wedge q) \wedge r$ の列と $p \wedge (q \wedge r)$ の列が全く同じであることを確認すれば，この２つの真理値が等しいことがわかったわけだ．」

はちべぇ：「確認しました，隊長！」

くまさん：「返事が早すぎるぞ．また，要領かましてるな．」

はちべぇ：「**地球にやさしい省エネルギー**と言ってくれ．」

くまさん：「それは単に，**自分にやさしい少エネルギー**じゃないか．」

＊＊＊＊＊＊＊＊＊＊＊＊＊＊＊＊＊＊＊＊＊＊＊＊＊＊＊＊

1.5 同　　値

はちべぇ：「ところで，命題が p, q, r と3つあるから，真理表には $2^3 = 8$ 行必要だったんだよね．」

くまさん：「うん，そうだけど．」

はちべぇ：「そうすると，もし4つあったら，$2^4 = 16$ 行だろ．これって，人間の**忍耐**というものを越えていない？」

くまさん：「そうなんだ．真理表は**機械的にできる**側面が大きいけど，**単純労働**[*]だから，仕事量がネズミ算的に増えていってしまうんだね．」

はちべぇ：「そういうときは，**猫の手も借りたい**ね．」

くまさん：「そうそう，あの**肉球の感触がたまらん**．じゃなくてだな，実は，第1.10節で出てくる『同値』の定義を使えば，真理表を用いなくても，証明できるんだ[**]．」

はちべぇ：「それを早く言ってよ．」

くまさん：「でも，真理表も一度は通らなければならない道だから，当分は，この練習だな．こらこら，どこへ行く，はちべぇ．戻って来〜い．」

注意 1.5.6　結合律を繰り返して使用すると，例えば
$$((p \wedge q) \wedge r) \wedge s \equiv (p \wedge (q \wedge r)) \wedge s$$
$$\equiv p \wedge ((q \wedge r) \wedge s)$$
$$\equiv p \wedge (q \wedge (r \wedge s))$$
などのように，どう括弧をつけても，すなわち，**どの $\wedge$ から計算しても命題としては同値になる**．同値なものをすべて同じものと見て，それらを
$$p \wedge q \wedge r \wedge s$$
と書く．命題の数が増えても同じことである．また，$\wedge$ の代わりに $\vee$ でも同様である．ちなみに，**どこから計算しても "同じ"** という性質を保証する**結合律**は，他の法則とは異なり，**代数では基本的なもの**である．

注意 1.5.7　$p_1 \wedge \cdots \wedge p_n$, $p_1 \vee \cdots \vee p_n$ のことをそれぞれ，

---

[*] コンピュータが進化してくると，「単純労働」の概念が少し変わって来るかもしれないが．

[**] 例題 1.10.19 を参照．

$\bigwedge_{i=1}^{n} p_i$, $\bigvee_{i=1}^{n} p_i$ と略記することがある.

はちべぇ：「これって，$a_1 + \cdots + a_n$ を $\sum_{i=1}^{n} a_i$ と書いたりするのと同じだね.」

くまさん：「和のときは，$\sum_i a_i$ と略記することがあるけど，今の場合も同様に，$\bigwedge_i p_i$ とか，$\bigvee_i p_i$ と書いたりすることもあるので，注意しておこう.」

定理 1.5.8 (分配律)　(1) $p \wedge (q \vee r) \equiv (p \wedge q) \vee (p \wedge r)$
(2) $p \vee (q \wedge r) \equiv (p \vee q) \wedge (p \vee r)$

証明　(1) 真理表を書くと以下になり，真理値が一致するから同値である.

p	q	r	$q \vee r$	$p \wedge (q \vee r)$	$p \wedge q$	$p \wedge r$	$(p \wedge q) \vee (p \wedge r)$
1	1	1	1	1	1	1	1
1	1	0	1	1	1	0	1
1	0	1	1	1	0	1	1
1	0	0	0	0	0	0	0
0	1	1	1	0	0	0	0
0	1	0	1	0	0	0	0
0	0	1	1	0	0	0	0
0	0	0	0	0	0	0	0

(2) 同様に，以下の真理表からわかる.

p	q	r	$q \wedge r$	$p \vee (q \wedge r)$	$p \vee q$	$p \vee r$	$(p \vee q) \wedge (p \vee r)$
1	1	1	1	1	1	1	1
1	1	0	0	1	1	1	1
1	0	1	0	1	1	1	1
1	0	0	0	1	1	1	1
0	1	1	1	1	1	1	1
0	1	0	0	0	1	0	0
0	0	1	0	0	0	1	0
0	0	0	0	0	0	0	0

1.5 同値

注意 1.5.9 定理 1.5.4(交換律) を考慮すれば，上記の定理 1.5.8 から，次のように後ろからも分配できることがわかる．
(1) $(p \vee q) \wedge r \equiv (p \wedge r) \vee (q \wedge r)$
(2) $(p \wedge q) \vee r \equiv (p \vee r) \wedge (q \vee r)$

定理 1.5.10 (吸収律*)
(1) $p \wedge (p \vee q) \equiv p$
(2) $p \vee (p \wedge q) \equiv p$

はちべぇ：「そうか，q が吸収されるから q 収律なんだね．」
くまさん：「絶対に違うと思う．」

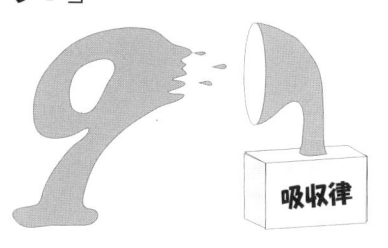

定理 1.5.10 の証明 それぞれ，以下の真理表から明らかである．

(1)

p	q	$p \vee q$	$p \wedge (p \vee q)$
1	1	1	1
1	0	1	1
0	1	1	0
0	0	0	0

(2)

p	q	$p \wedge q$	$p \vee (p \wedge q)$
1	1	1	1
1	0	0	1
0	1	0	0
0	0	0	0

□

---

* 後出の真理表を用いない方法 (例題 1.10.19 参照) により，分配律とベキ等律を用いると，吸収律の (1) と (2) は互いに他から導かれることが容易に確かめられる．

> **注意 1.5.11** ある集合*に 2 つの演算 ∧, ∨ が定義され，結合律，交換律，吸収律の 3 つが成り立つとき，その集合と演算の組を **束** (lattice)** と呼ぶ†．これらの 2 つの演算 ∧, ∨ は，完全に **対称的** できれいな構造をもつ††．2 つの演算をもつ代数的な対象としては，**非対称** な演算 ＋（和）と ×（積）をもつ整数の全体をモデルとした **環** (ring) という概念がある．

---

* 「集合」が不明な人は，ここでは単なる「ものの集まり」と思っておいてください．(詳しくは，第 3 章を参照．)「集合」は習っていると思いますが，議論は一応，self-contained(自己完結した) であることを心がけていますので．

** 幾何で，バンドル (bundle) のことを，昔は「束」と訳していたことがあったので，注意しましょう．ちなみに，数学の用語は，原語にしろ，訳語にしろ，歴史的に定まってきたものであり，慣習を引きずるのは，致し方のないことです．

くまさん：「例えば，『黒板』って言ってるけど，今の黒板は黒くなくて，ほとんど緑だよね．」
はちべぇ：「うん，たしかに．」
くまさん：「昔は黒かったから『黒板』と呼ばれて今もその呼び名が残っている．数学の用語だってそうなんだ．今なら，もっと良い名称が考えられるかもしれないけど，そこは先人たちの苦労を偲んで理解しようね．」
はちべぇ：「合掌．」
くまさん：「仏壇おがんでどうする．」

† 「束」は抽象的な代数的対象であるが，論理演算に限定したものは，創始者ブール (Boole) の名前にちなんで，**ブール代数** と呼ばれている．

†† 例えば，ある式が真であるとき，その式の

$$\land \text{ を } \lor \text{ に,}$$
$$\lor \text{ を } \land \text{ に,}$$

代えた式も真である．一般に，このような対称性のことを **双対性** (duality) と呼ぶ．

1.6 ド・モルガンの法則

> **定理 1.6.1 (ド・モルガンの法則)**
> (1) $\overline{p \wedge q} \equiv \overline{p} \vee \overline{q}$
> (2) $\overline{p \vee q} \equiv \overline{p} \wedge \overline{q}$

証明 真理表で示す.

(1)

p	q	$p \wedge q$	$\overline{p \wedge q}$	$\overline{p}$	$\overline{q}$	$\overline{p} \vee \overline{q}$
1	1	1	0	0	0	0
1	0	0	1	0	1	1
0	1	0	1	1	0	1
0	0	0	1	1	1	1

(2)

p	q	$p \vee q$	$\overline{p \vee q}$	$\overline{p}$	$\overline{q}$	$\overline{p} \wedge \overline{q}$
1	1	1	0	0	0	0
1	0	1	0	0	1	0
0	1	1	0	1	0	0
0	0	0	1	1	1	1

□

くまさん:「やっと,『ド・モルガンの法則』まで来たね.」
はちべぇ:「何それ?」
くまさん:「だから『ド・モルガン』だって.」
はちべぇ:「あぁ,隣のにいちゃんが趣味で集めてるやつ.」
くまさん:「それは,『モデルガン』.」
はちべぇ:「しゃべりにくそうにしている渡り鳥のことかな.」
くまさん:「『どもる雁(がん)』かぁ.今のは,10 年コンビを組んでる私でも難しかったぞ.」

くまさん:「『ド・モルガン』って,人の名前だよ.英語のスペルは "de Morgan".」
はちべぇ:「"de" がついてるんだね.」
くまさん:「こういうのは他にもあるよ.函数論だと『ド・モアブル (de Moivre)』とか,幾何では『ド・ラム (de Rham)』なんて有名だね.」

はちべぇ：「そういえば，物理でも『ド・ブロイ (de Broglie)』っていう人もいるね．」

くまさん：「力学なんかで有名な『ダランベール』なんて，"D'Alembert" で，"de"+"Alembert" だし．」

はちべぇ：「『カマンベール』はチーズだしね．」

くまさん：「なのに，微積分で出てくる "de l'Hôpital" だけは，なぜか『ド』がつかなくて，『ロピタル』と呼んでいるんだよね．」

はちべぇ：「やっぱり，病院には『ド』なんて野蛮な言葉を使わない方がいいって．」

くまさん：「『ド』のどこが野蛮なんだよ*．それに，『病院』って，もしかして，『ホスピタル (hospital)』のことを言ってるんじゃないだろうな**．」

はちべぇ：「さてと，例題に進みますか．」

例題 1.6.2 例題 1.3.2 においてそれぞれの $\overline{p \wedge q}$, および $\overline{p} \vee \overline{q}$ はどういう命題になるかを答えよ．

解答例

(1) $\overline{p \wedge q}$：「おやつは 300 円以内で，かつ，おこづかいは 500 円以内である」ということではない†．

$\overline{p} \vee \overline{q}$：おやつが 300 円より多いか，または，おこづかいが 500 円より多い．

(2) $\overline{p \wedge q}$：「$1+2=3$ かつ $1 \times 2 < 3$」ではない．

$\overline{p} \vee \overline{q}$：$1+2 \neq 3$ または $1 \times 2 \geq 3$ である．

(3) $\overline{p \wedge q}$：「明石屋さんまは男で，かつ，身長は 170cm 以上ある」ということではない．

$\overline{p} \vee \overline{q}$：明石屋さんまは男でないか，または，身長は 170cm より小さい．

---

* ちなみに，「ど根性」などで使われる「ど」という言葉は，たまに数学でも用いられます．解析学で，頭をあまり使わず，ひたすら身体を使って計算する分野を「**ど解析**」といいます．

** "hôpital" は，英語の "hospital" に相当するフランス語です．少し脱線しますが，有名な数学者の名前に **Green**(グリーン)，**Schwarz**(シュワルツ) というのがあります．(Schwarz は，英語読みで「シュワルツ」ということが多いが「シュヴァルツ」の方が元の発音に近い．) これらの頭文字を小文字にした green, schwarz の意味はそれぞれ「緑」と「黒い」(ドイツ語) です．したがって，誰かが間違って小文字で，"green の定理"，"schwarz の不等式" などと書こうものなら，「**なかなか良い色でお似合いですよ**」とすかさずツッコミをいれてあげましょう．

† ここで，「 」をつけたのは，「 」をつけずに，例えば，"p かつ q であるということでない" と書くと，"「p かつ q である」ということでない"（すなわち，$\overline{p \wedge q}$）の意味であるのか，あるいは，"p かつ 「q であるということでない」"（すなわち，$p \wedge \overline{q}$）の意味であるのか，わからないからです．

1.6 ド・モルガンの法則

例題 1.6.3 例題 1.4.2 においてそれぞれの $\overline{p \vee q}$, および $\overline{p} \wedge \overline{q}$ はどういう命題になるかを答えよ.

解答例
(1) $\overline{p \vee q}$: 「明日は遠足か運動会である」ということではない.
　　$\overline{p} \wedge \overline{q}$: 明日は遠足でもなく, 運動会でもない.
(2) $\overline{p \vee q}$: $2 > 3$.
　　$\overline{p} \wedge \overline{q}$: $2 \geq 3$ かつ $2 \neq 3$.
(3) $\overline{p \vee q}$: 「和田アキ子は男または女である」ということではない.
　　$\overline{p} \wedge \overline{q}$: 和田アキ子は, 男でもないし, 女でもない[*].

注意 1.6.4 定理 1.6.1 は, 2つの命題 p, q について述べたものであるが, これを繰り返し適用すると, 有限個の命題について,
$$\overline{p_1 \wedge \cdots \wedge p_n} \equiv \overline{p_1} \vee \cdots \vee \overline{p_n}$$
$$\overline{p_1 \vee \cdots \vee p_n} \equiv \overline{p_1} \wedge \cdots \wedge \overline{p_n}$$
が成り立つ. これもド・モルガンの法則と呼ぶ.

上の注意を見て,「**無限個の命題についても, ド・モルガンの法則が成り立つのかどうか**」疑問に思った人は**合格です**. 向学心があります. これからもこの調子でがんばってください. ちなみに, ド・モルガンの法則は無限個でも成り立ちます.（注意 2.7.2 参照.）

すぐ上の記述を見て,「『ド・モルガンの法則』はどうでも良いのだけれど,

『 合格です 』

という部分に**反応してしまった人**」は素直に手をあげなさい.

---

[*] もちろん, **カタツムリ**でもない.

さて，ここで「同値変形」のことについて触れておこう．まず，次の2つの定理は，「同値」の定義から直ちにわかる．(したがって，証明は省略する．)

定理 1.6.5 (同値変形 1) 命題 p, q, r に対して，
$$p \equiv q$$
ならば
(1) $\overline{p} \equiv \overline{q}$
(2) $p \wedge r \equiv q \wedge r$
(3) $p \vee r \equiv q \vee r$
が成り立つ．

定理 1.6.6 (同値変形 2) 命題 p, q, r に対して，
$$p \equiv q \quad \text{かつ} \quad q \equiv r$$
ならば
$$p \equiv r$$
が成り立つ．

定理 1.6.5 および定理 1.6.6 を考慮すると，第 1.5 節のすべての定理 (反射律から吸収律まで) とド・モルガンの法則を用いることにより，2つの命題が同値であるという主張が，**真理表を用いなくても証明できる**．例を一つ挙げよう．

例題 1.6.7 $\overline{(p \wedge q) \vee r} \equiv (\overline{p} \wedge \overline{r}) \vee (\overline{q} \wedge \overline{r})$ であることを，真理表を用いないで証明せよ．

証明
$$\overline{(p \wedge q) \vee r} \underset{\text{ド・モルガンの法則}}{\equiv} \overline{(p \wedge q)} \wedge \overline{r} \underset{\substack{\text{ド・モルガンの法則と} \\ \text{定理 1.6.5 (2)}}}{\equiv} (\overline{p} \vee \overline{q}) \wedge \overline{r}$$
$$\underset{\text{分配律}}{\equiv} (\overline{p} \wedge \overline{r}) \vee (\overline{q} \wedge \overline{r})^{*}$$

ゆえに，定理 1.6.6 により，$\overline{(p \wedge q) \vee r} \equiv (\overline{p} \wedge \overline{r}) \vee (\overline{q} \wedge \overline{r})$ である． □

---

[*] $p_1 \equiv p_2, p_2 \equiv p_3, \cdots, p_{n-1} \equiv p_n$ のとき，$p_1 \equiv p_2 \equiv p_3 \equiv \cdots \equiv p_n$ と書くのは，ふつうの等式の場合と同じである．また，このとき，定理 1.6.6 を繰り返し適用することにより，$p_1 \equiv p_n$ が結論されることは言うまでもない．

1.6 ド・モルガンの法則

上記の例題の証明のように，定理 1.6.5 と定理 1.6.6 に基づいて，第 1.5 節のすべての定理 (反射律から吸収律まで) とド・モルガンの法則を適用することにより，同値な命題を次々に与えて変形していくことを**同値変形**と呼ぶ．

＜＜ちょっと休憩＞＞

2 変数論理関数の話

論理積を
$$f(p, q) = p \wedge q$$
とおいて真理値のみに着目すると，f は，変数も値も 0 か 1 をとる関数と見なせる[*]．このような関数を **論理関数**[**]（または，**論理演算**）と呼ぶ．上記の論理積 f は 2 変数の論理関数であり，また，否定 (NOT)

$$(\#) \qquad\qquad g(p) = \overline{p}$$

は，1 変数の論理関数である．

さて，2 変数の論理関数はどれくらいあるだろうか．p, q の真理値のとり得る組み合わせは
$$(p, q) = (1, 1), (1, 0), (0, 1), (0, 0)$$
の 4 通りで，それぞれに 1 か 0 を対応させれば関数 $f(p, q)$ は決まることになる．したがって，このような関数は全部で

$$2^4 = 16 \text{ 個}$$

存在することになる．それらをすべて書き上げると，次の表のようになる．（ここで，$f_1, \cdots, f_{16}$ という名称は，本書で勝手に付けたもの．一般的な名称ではない．）

- f_8 が論理積 (AND)，f_2 が論理和 (OR) である．

---

[*] 「関数」があやふやな人は，第 3 章を見てください (定義 3.2.3)．

[**] あとで出てくる「命題関数」(定義 2.1.1) と混同しないように．

(p,q)	$(1,1)$	$(1,0)$	$(0,1)$	$(0,0)$
f_1	1	1	1	1
f_2	1	1	1	0
f_3	1	1	0	1
f_4	1	1	0	0
f_5	1	0	1	1
f_6	1	0	1	0
f_7	1	0	0	1
f_8	1	0	0	0
f_9	0	1	1	1
f_{10}	0	1	1	0
f_{11}	0	1	0	1
f_{12}	0	1	0	0
f_{13}	0	0	1	1
f_{14}	0	0	1	0
f_{15}	0	0	0	1
f_{16}	0	0	0	0

- f_{10} は，論理和と少し異なり，$(1,0)$ か $(0,1)$ のように p, q のどちらか一方のみが 1 のとき，値 1 をとるので，**排他的論理和 (XOR)** [*]と呼ばれている．

- f_9 は，論理積 (AND) に否定 (NOT) を合成したもので，**否定論理積 (NAND)**（読み方は「ナンド」[**]）と呼ばれている[†]．（すなわち，$f_9(p, q) = g(f_8(p, q))$．ただし，g は前出 (#) の否定論理関数．）

- f_{15} は，論理和 (OR) に否定 (NOT) を合成したもので，**否定論理和 (NOR)**（読み方は「ノア」）と呼ばれている[††]．（すなわち，$f_{15}(p, q) = g(f_2(p, q))$．）

---

[*] "XOR" の "X" は，「排他的 (exclusive)」の頭文字から来ている．"E" じゃなくて "X" なのは，冒頭 2 文字 "ex" の発音からで，"You" を "U" なんて表記するアメリカ人なら普通のこと．また，律儀に "EOR" と書くことも多い．

[**] 「ナンド」と言われて，「なんだ？」と聞き返すのが，一般的な作法である．

[†] 数理論理学では，$f_9(p, q)$ のことを $p \mid q$ と表して，シェファーのストローク (Sheffer's stroke) と呼ぶらしい．NAND の方は，情報処理関連でよく使われる．

[††] 数理論理学では，$f_{15}(p, q)$ のことを $p \downarrow q$ と表して，パースの関数 (Peirce's function) と呼ぶこともあるらしい．NOR の方は，情報処理関連で使われる．

1.6 ド・モルガンの法則

実は次が成り立つことが知られている．

事実：g および，f_1 から f_{16} まではすべて，論理関数 f_9 (論理関数 **NAND**) だけで表現できる．

例えば，

$$
\begin{aligned}
\text{否 定：} \quad g(p) &= \overline{p} \equiv \overline{p \wedge p} \equiv f_9(p, p). \\
\text{論理積：} \quad f_8(p, q) &= p \wedge q \equiv \overline{\overline{(p \wedge q)}} \equiv \overline{f_9(p, q)} \\
&\equiv f_9(f_9(p, q), f_9(p, q)). \\
\text{論理和：} \quad f_2(p, q) &= p \vee q \equiv \overline{\overline{p} \wedge \overline{q}} \equiv \overline{f_9(p, p) \wedge f_9(q, q)} \\
&\equiv f_9(f_9(p, p), f_9(q, q)). \\
\text{排他的論理和：} \quad f_{10}(p, q) &= (p \wedge \overline{q}) \vee (\overline{p} \wedge q) \equiv \overline{\overline{(p \wedge \overline{q})} \vee \overline{(\overline{p} \wedge q)}} \\
&\equiv \overline{\overline{(p \wedge \overline{q})} \wedge \overline{(\overline{p} \wedge q)}} \equiv \overline{f_9(p, \overline{q}) \wedge f_9(\overline{p}, q)} \\
&\equiv f_9(f_9(p, \overline{q}), f_9(\overline{p}, q)) \\
&\equiv f_9(f_9(p, f_9(q, q)), f_9(f_9(p, p), q)).
\end{aligned}
$$

演習問題 1[*]：他の f_i についても，f_9 (NAND) で表現してみよ．

演習問題 2：NAND の代わりに NOR を用いても，g および，f_1 から f_{16} まではすべて表現できる．これを示せ．

演習問題 3：このように，1 つだけで他の 2 変数論理関数をすべて表現できるのは，NAND と NOR に限る．これを示せ．

(演習問題 1～3 のヒントは 200 ページ)

---

[*] 「**ちょっと休憩**」というコラムに，**演習問題**がついている理由は，まったく不明．**ぜんぜん**「**休憩**」**になっとらん**．「責任者出てこ～い．」，「出てきたら，どうすんねん．」，「あやまったらしまいや．」というのが，故人生幸朗師匠 (関西，吉本芸人の古株) の定番でした．こういうのは，**水戸黄門の印籠と同じで**，出てくると，どこか安心するものです．

1.7　恒真命題と恒偽命題

> **定義 1.7.1 (恒真命題，恒偽命題)**
> (1)　　恒等的に真である命題を**恒真命題** (tautology) と呼び，
> 　　　記号で $\mathbf{I}^{*}$ と表す．
> (2)　　恒等的に偽である命題を**恒偽命題** (contradiction**) と呼び，
> 　　　記号で $\mathbf{O}^{\dagger}$ と表す．

はちべぇ：「『恒等的に真である』って，どういうこと？」
くまさん：「これまで，命題の内容に触れないで，記号を用いて，命題 p とか q とか，一般的に扱ってきただろ．」
はちべぇ：「うん，そうだけど．」
くまさん：「要するに，記号化することによって，命題の内容に関係なく，例えば，p と q がどういう真理値のとき，$p \wedge q$ はどういう真理値をとるかを扱ってきたわけだ．」
はちべぇ：「ふんふん．」
くまさん：「そうすると，命題間の真理値の関係が，命題の内容に踏み込むことなく，計算することができる．」
はちべぇ：「なるほど．」
くまさん：「そういう立場にたって考えるとき，p と q とかの真理値に関係なく，『真理値が一定な命題』というものの記号を作っておくと，便利なんだよ．」
はちべぇ：「ちょうど，定数のようなもんだな．」

---

* I の代わりに，T を用いる人もいます．

** contradiction という言葉は，数学では，(背理法などで)「**矛盾**」という意味に使われることがほとんどです．「背理法」については，65 ページを参照．

† O の代わりに，F を用いる人もいます．真理値 1, 0 の見た目から，形の似たアルファベット I, O を用いたものと思われます．もともと I は，identity(恒等写像) の頭文字などで，1 と関連深いですし (定義 3.2.17 参照)，また，0(ゼロ) と O(オー) を混同して用いるのは，電話番号などの数字 0 を "オー" と呼ぶ例を挙げるまでもないでしょう．それから，あとで出てくる「命題関数」の場合において，「恒真命題**関数**」や「恒偽命題**関数**」もそれぞれ，同じ記号 I と O で表します．これは，たとえて言うと，定数 C があったとき，C という値をとる定数関数も同じ記号 C で表すのと同様の状況です．

1.7 恒真命題と恒偽命題

くまさん:「そのとおりだ．きみの物分かりの良さも，恒等的だったらいいんだけどね．」

注意 1.7.2 定義から，明らかに，$\bar{\text{I}} = \text{O}$，$\bar{\text{O}} = \text{I}$ である．

定理 1.7.3 p が命題のとき，
(1) $p \wedge \text{I} \equiv \text{I} \wedge p \equiv p$
$p \vee \text{I} \equiv \text{I} \vee p \equiv \text{I}$
(2) $p \wedge \text{O} \equiv \text{O} \wedge p \equiv \text{O}$
$p \vee \text{O} \equiv \text{O} \vee p \equiv p$

証明 以下の真理表，および，交換律より明らかである．

p	I	O	$p \wedge \text{I}$	$p \vee \text{I}$	$p \wedge \text{O}$	$p \vee \text{O}$
1	1	0	1	1	0	1
0	1	0	0	1	0	0

□

定理 1.7.4 p が命題のとき，
(1) （**矛盾律**） $p \wedge \bar{p} \equiv \text{O}$
(2) （**排中律**） $p \vee \bar{p} \equiv \text{I}$

証明 以下の真理表から明らかである．

p	$\bar{p}$	$p \wedge \bar{p}$	$p \vee \bar{p}$
1	0	0	1
0	1	0	1

□

はちべぇ:「『排中律』っていうのは，感覚的にも理解しやすいね．」
くまさん:「そうかい．」
はちべぇ:「だって，『p であるか，または，p でない』って常に真だろ．」
くまさん:「実は，数学には，『排中律』を仮定しない*という立場もあるんだ．**直観主義**と呼ばれている．」

はちべぇ：「何それ？」

くまさん：「**数学基礎論**と呼ばれる分野の話だ．『**有限の立場**』[**]を掲げたヒルベルト (Hilbert) という偉い数学者が，これまた偉い数学者のゲーデル (Gödel) という人に，『**不完全性定理**』[†]（「その立場だと，真偽が不明な命題[††]がある」）というパンチをくらっちゃって．」

はちべぇ：「もしかして，1 発で KO ？」

くまさん：「うん，強烈だったからね．で，ヒルベルトに反旗をひるがえしていたブラウエル (Brouwer) という人の**直観主義**[‡]が，少し息を吹き返したということみたい．」

はちべぇ：「いろいろあったんだな．」

くまさん：「でも，直観主義は，『排中律』を仮定しないんで，例えば，二重否定 $\bar{\bar{p}}$ から p は導けない (したがって，反射律は成り立たない) とか，命題の否定に関して，いろいろ制約が出てくる．」

はちべぇ：「ずいぶん，不便だね．」

くまさん：「いずれにしても，普通に数学をやってくぶんには，あまり影響ないと思うよ．要するに，**イデオロギー**とか**宗教**のようなものだから[‡‡]．」

はちべぇ：「うちは浄土真宗だからなぁ．」

くまさん：「誰もそんなこと聞いてないって．」

試験のときは，**直観主義**

---

[*] （前ページ）いくつかの公理系だけを仮定して，他の性質は "証明する" という理論的立場において，「排中律」を仮定しない，という意味で．

[**] 数学の理論の体系を記号論理化により形式化し（「形式主義」），有限個の公理と推論規則だけで，その理論を "自己完結することができる理想郷"．

[†] この定理の証明は，第 3 章の例 3.1.12 で触れる「ラッセルのパラドックス」と同じ構造のものが用いられています．

[††] それ自身およびその否定のどちらも証明できないような命題．

[‡] 「直観」とは，一般に「推理・判断でなく，直接の把握によって得られた認識」のことで，「直観主義」とは，数学では，「具体的な手続きが与えられて構成できるもの**のみ**を認める考え方」のことを指す．ブラウエルの「直観主義」は，特に有名．

[‡‡] こう書くと怒られるかもしれませんが，数学の一つの分野全体という**超限的な**対象を，全能の神でもない人間が議論しようというのですから，やはり宗教のようなものだと思います．

1.8 条件命題[*]

> **定義 1.8.1 (条件命題)** 命題 p, q に対して,
> $$\overline{p} \vee q \,(\equiv \overline{\overline{p} \wedge \overline{q}})$$
> という命題を
> $$p \to q$$
> と書いて,「p ならば q」あるいは「p implies q」と読む.

$p \to q$ の真理表

p	q	$p \to q$
1	1	1
1	0	0
0	1	1
0	0	1

> **注意 1.8.2** 命題 $p \to q$ は,
> $$p \text{ を仮定, } q \text{ を結論}$$
> と見たとき, 上の真理表からわかるように,
> $$\text{仮定 } p \text{ が偽 (真理値が 0) のときは,}$$
> $$\text{結論 } q \text{ が何であっても}$$
> $$p \to q \text{ は真 (真理値は 1) である}$$
> ことに注意すること.

くまさん:「$p \to q$ というのは,日常感覚の『p ならば q』とほとんど変わらないんだけど,上の注意にあるように,**仮定 p が正しくなければ, $p \to q$ はいつも正しい**ということを,ちゃんと押さえておく必要

---

[*] 「含意」と呼ぶことが多いですが,本書では「含意」という言葉は別の意味に用いていますので (定義 1.10.1),これと区別するため,「条件命題」という名称で呼ぶことにしました.したがって,**「条件命題」という言葉は,本書だけの用語で,一般的名称ではありません**.ただ,これに関しては,**中身の方が重要なので,名称なんかはどうでもいいです**.

がある.」
はちべぇ：「なんか変な感じ.」
くまさん：「そんなに変でもないよ．例えば，『いい子でいたら，これ買ってあげる』とお母さんが子供に言ったとする．これは『いい子でいれば』という前提で言ったことであって，**いい子でなければ，買ってあげようが，あげまいが，約束を破ったことにはならない．**」
はちべぇ：「確かにそうだけど，子供はそこで泣くぞ.」
くまさん：「そういうときは，真理表を書いてあげれば.」
はちべぇ：「よけいに泣くと思うぞ.」
くまさん：「ま，ともかく，命題 $p \to q$ を，同値な式 $\overline{p \land \overline{q}}$ と捉え直して，

$$\text{『}p\text{であるのに}q\text{でない』というようなことはない}$$

と見るといいかもね.」
はちべぇ：「う〜ん.」
くまさん：「定義をながめているだけでは，違和感は解消しないよ．あとは演習あるのみ.」

例題 1.8.3 以下の命題 p, q について，命題 $p \to q$ とその否定命題を求めよ．
- (1) p: 風が吹く．
  q: 桶屋がもうかる．
- (2) p: 雨が降る．
  q: 運動会が延期になる．
- (3) p: 勉強をする．
  q: 試験で良い成績をとる．

解答例
- (1) $p \to q$: 風が吹けば，桶屋がもうかる．
  $\overline{p \to q} \equiv p \land \overline{q}$: 風が吹くのに，桶屋がもうからない*．

***（良い子のみなさんへ）** $p \to q$ の否定は $\overline{p \to q}$ なので，「『風が吹けば桶屋がもうかる』ではない」と解答しても，「そのまんまやないか！」と責められるだけで間違いとはいえない．しかし，こういうときは解答例のように，**できるだけ簡単な形にして，よりわかりやすい表現で答えるのが正しいマナーである**．

1.8 条件命題

(2) $p \to q$: 雨が降れば，運動会が延期になる．
$\overline{p \to q} \equiv p \wedge \overline{q}$: 雨が降るのに，運動会が延期にならない．

(3) $p \to q$: 勉強をすれば，試験で良い成績をとる．
$\overline{p \to q} \equiv p \wedge \overline{q}$: 勉強するのに，試験で良い成績がとれない．

はちべぇ：「この最後の『勉強するのに，成績が良くならない』というのは，身につまされるよね．」
くまさん：「きみの場合は，仮定が真だとは，とても思えないが….」
はちべぇ：「悪かったな．」
くまさん：「**悪かったと思うよ，きみの成績は．**」
はちべぇ：「**なんだと．**」

(以後，場外乱闘．)

例題 1.8.4 次を証明せよ．
(1) $\overline{(p \wedge q) \to r} \equiv p \wedge q \wedge \overline{r}$
(2) $\overline{(p \vee q) \to r} \equiv (p \vee q) \wedge \overline{r}$
(3) $\overline{p \to (q \wedge r)} \equiv p \wedge (\overline{q} \vee \overline{r})$
(4) $\overline{p \to (q \vee r)} \equiv p \wedge \overline{q} \wedge \overline{r}$

解答例

(1) $\overline{(p \wedge q) \to r} \underset{\text{定義}}{\equiv} \overline{\overline{p \wedge q} \vee r} \underset{\text{ド・モルガンの法則}}{\equiv} \overline{\overline{p \wedge q}} \wedge \overline{r}$
$\underset{\substack{\text{反射律と} \\ \text{定理 1.6.5(2)}}}{\equiv} (p \wedge q) \wedge \overline{r} \underset{\text{注意 1.5.6}}{\equiv} p \wedge q \wedge \overline{r}.$

(2) $\overline{(p \vee q) \to r} \underset{\text{定義}}{\equiv} \overline{\overline{p \vee q} \vee r} \underset{\text{ド・モルガンの法則}}{\equiv} \overline{\overline{p \vee q}} \wedge \overline{r}$
$\underset{\substack{\text{反射律と} \\ \text{定理 1.6.5(2)}}}{\equiv} (p \vee q) \wedge \overline{r}.$

(3) $\overline{p \to (q \wedge r)} \underset{\text{定義}}{\equiv} \overline{\overline{p} \vee (q \wedge r)} \underset{\text{ド・モルガンの法則}}{\equiv} \overline{\overline{p}} \wedge \overline{q \wedge r}$
$\underset{\substack{\text{反射律と} \\ \text{定理 1.6.5(2)}}}{\equiv} p \wedge \overline{q \wedge r} \underset{\substack{\text{ド・モルガンの法則と} \\ \text{交換律と定理 1.6.5(2)}}}{\equiv} p \wedge (\overline{q} \vee \overline{r}).$

(4) $\overline{p \to (q \vee r)} \underset{\text{定義}}{\equiv} \overline{\overline{p} \vee (q \vee r)} \underset{\text{ド・モルガンの法則}}{\equiv} \overline{\overline{p}} \wedge \overline{q \vee r}$
$\underset{\substack{\text{ベキ等律と} \\ \text{定理 1.6.5(2)}}}{\equiv} p \wedge \overline{q \vee r} \underset{\substack{\text{ド・モルガンの法則と} \\ \text{交換律と定理 1.6.5(2)}}}{\equiv} p \wedge (\overline{q} \wedge \overline{r})$
$\underset{\text{注意 1.5.6}}{\equiv} p \wedge \overline{q} \wedge \overline{r}.$

例題 1.8.5

(1) 以下の p, q, r に対して, 命題 $(p \wedge q) \to r$ とその否定は, どういう命題か答えよ.

　　p: 朝早く起きる.
　　q: 体操をする.
　　r: 健康になる.

(2) 以下の p, q, r に対して, 命題 $(p \vee q) \to r$ とその否定は, どういう命題か答えよ.

　　p: ごはんを 3 杯食べる.
　　q: ウーロン茶を 1 リットル飲む.
　　r: おなかがいっぱいになる.

(3) 以下の p, q, r に対して, 命題 $p \to (q \wedge r)$ とその否定は, どういう命題か答えよ.

　　p: 臨時収入が入る.
　　q: 旅行に出かける.
　　r: レストランでフルコースディナーを食べる.

(4) 以下の p, q, r に対して, 命題 $p \to (q \vee r)$ とその否定は, どういう命題か答えよ.

　　p: 愛犬ポチが鳴く.
　　q: ポチはおなかが減っている.
　　r: 不審人物が訪ねて来ている.

|解答例|

(1) $(p \wedge q) \to r$: 　朝早く起きて, 体操をするならば, 健康になる.

$\overline{(p \wedge q) \to r} \equiv \overline{\overline{p \wedge q} \vee r} \equiv \overline{\overline{p \wedge q}} \wedge \overline{r} \equiv (p \wedge q) \wedge \overline{r}$:
　　朝早く起きて, 体操をするが, 健康にならない.

(2) $(p \vee q) \to r$: 　ごはんを 3 杯食べるか, ウーロン茶を 1 リットル飲むならば, おなかがいっぱいになる.

$\overline{(p \vee q) \to r} \equiv \overline{\overline{p \vee q} \vee r} \equiv \overline{\overline{p \vee q}} \wedge \overline{r} \equiv (p \vee q) \wedge \overline{r}$:
ごはんを3杯食べるか，ウーロン茶を1リットル飲んでも，おなかがいっぱいにならない．

(3) $p \to (q \wedge r)$: 臨時収入が入るならば，旅行に出かけるし，かつレストランでフルコースディナーを食べる．

$\overline{p \to (q \wedge r)} \equiv \overline{\overline{p} \vee (q \wedge r)} \equiv \overline{\overline{p}} \wedge \overline{q \wedge r} \equiv p \wedge (\overline{q} \vee \overline{r})$:
臨時収入が入っても，旅行に出かけないか，レストランでフルコースディナーを食べない．

(4) $p \to (q \vee r)$: 愛犬ポチが鳴くならば，ポチはおなかが減っているか，不審人物が訪ねて来ている．

$\overline{p \to (q \vee r)} \equiv \overline{\overline{p} \vee (q \vee r)} \equiv \overline{\overline{p}} \wedge \overline{q \vee r} \equiv p \wedge (\overline{q} \wedge \overline{r})$:
愛犬ポチが鳴いても，ポチはおなかが減っていないし，かつ，不審人物が訪ねて来ていない．

1.9 逆と対偶

> **定義 1.9.1 (逆，対偶)** p, q が命題のとき，命題 $p \to q$ に対して
> $\quad q \to p$ を $p \to q$ の**逆** (reverse)
> $\quad \overline{q} \to \overline{p}$ を $p \to q$ の**対偶** (contraposition)
> と呼ぶ[*]．

模式的には（同値な文は同一視して），以下のような関係にある．

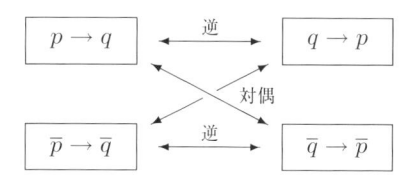

```
┌─────────┐   逆   ┌─────────┐
│ p → q   │ ←───→ │ q → p   │
└─────────┘       └─────────┘
         ╲   対偶   ╱
          ╳
         ╱        ╲
┌─────────┐   逆   ┌─────────┐
│ p̄ → q̄   │ ←───→ │ q̄ → p̄   │
└─────────┘       └─────────┘
```

---

[*] $\overline{p} \to \overline{q}$ は，$p \to q$ の**裏** (converse) と呼ばれますが，その名称はあまり使われることはありません．

くまさん：「『**対偶**』の『**偶**』の字を『**遇**』に書き間違える人が，たまにいるんだよね．」
はちべぇ：「最近は，パソコンで漢字変換するから，漢字は読めるけど書けない人が増えてきたらしいよ[*]．」
くまさん：「『**偶**』の字だけならいいんだが，『**対**』の方も『**待**』という字を書いてる人がいて．」
はちべぇ：「『**待遇**』か．」
くまさん：「思わず，『**時給 800 円（交通費別）でいいですか**』って，聞いちまったぜ．」

実は，対偶は元の命題と同値である．これを示そう．

定理 1.9.2 $\qquad\qquad (p \to q) \equiv (\overline{q} \to \overline{p})$

証明 真理表を書くと，

p	q	$p \to q$	$\overline{q}$	$\overline{p}$	$\overline{q} \to \overline{p}$
1	1	1	0	0	1
1	0	0	1	0	0
0	1	1	0	1	1
0	0	1	1	1	1

となり，真理値が等しいので同値である． □

例題 1.9.3 例題 1.8.3 について，各命題の逆と対偶は何かを答えよ．

解答例
(1) 　逆：桶屋がもうかるならば，風が吹く．
　　　対偶：桶屋がもうからないならば，風が吹かない．
(2) 　逆：運動会が延期になるならば，雨が降る．
　　　対偶：運動会が延期にならないならば，雨が降らない．

---

[*] でもって，「漢字」ならぬ「感字」が，はびこることになります．

1.9 逆と対偶

(3) 　逆：試験でよい成績をとるならば，勉強をする．
　　　対偶：試験でよい成績をとらないならば，勉強をしない．

はちべぇ：「何か変じゃない？」
くまさん：「何が？」
はちべぇ：「上の解答例でね，『雨が降ると延期になる』というのは自然なのに，同値な命題であるはずの，対偶『延期にならないならば雨が降らない』って，少し違和感があるんだけど．」
くまさん：「どうして？」
はちべぇ：「だって，運動会で天候が左右されるみたいでさ．」
くまさん：「それはたぶん，『雨が降る』が**原因**で，『延期になる』が**結果**だと見てしまっているからじゃないかな．」
はちべぇ：「どういうこと？」
くまさん：「『p ならば q』っていう命題は，命題 p と命題 q から定まる客観的な事実関係（真理値の対応）を述べているものであって，**p が原因で，q が結果という因果関係を表しているわけではない**んだよ．」
はちべぇ：「ふ～ん．そうすると，『くまさんをたたくと，怒る』という命題も，くまさんをたたいたからと言って，（ポカッ）．」
くまさん：「痛い，何するんだよ．」
はちべぇ：「くまさんが怒ったのは，私がたたいたことが原因じゃないわけだね．」
くまさん：（怒）
はちべぇ：「あ，やめて，くまさん．反撃はなしよ．」
くまさん：「私はあいにく論理的な人間じゃないんだよ．」

（以下，放送禁止場面多数のため割愛．）

> **注意 1.9.4** 命題 $(p \wedge q) \to r$ の対偶は，$\overline{r} \to \overline{p \wedge q}$ である．$\overline{r} \to \overline{p \wedge q} \equiv r \vee \overline{p \wedge q} \equiv r \vee (\overline{p} \vee \overline{q})$ と同値変形をしたものは，厳密には対偶とは言えない．実際，例えば，極端な話をすると，$\overline{q} \to \overline{p} \equiv p \to q$ だから，同値変形を許せば，$p \to q$ の対偶はそれ自身と言っても良いことになってしまう．ただ，具体的な文章で書かれた命題の対偶を答える場合に，**結果がわかりやすくなるなら，本書では，少しぐらいの同値変形を許すことにしよう．**

> **例題 1.9.5** 例題 1.8.5 について，各命題の逆と対偶は何かを答えよ．

解答例
(1) 逆：健康になれば，朝早く起きて，体操をする．
    対偶：健康にならなければ，朝早く起きないか，体操をしない．
(2) 逆：おなかがいっぱいになるならば，ごはんを 3 杯食べるか，ウーロン茶を 1 リットル飲む．
    対偶：おなかがいっぱいにならないならば，ごはんを 3 杯食べないし，ウーロン茶を 1 リットル飲まない．
(3) 逆：旅行に出かけ，かつ，レストランでフルコースディナーを食べるならば，臨時収入が入る．
    対偶：旅行に出かけないか，あるいは，レストランでフルコースディナーを食べないならば，臨時収入が入らない．
(4) 逆：ポチはおなかが減っているか，あるいは，不審人物が訪ねて来ているならば，愛犬ポチが鳴く．
    対偶：おなかが減っていないし，かつ，不審人物が訪ねて来ていないならば，愛犬ポチが鳴かない．

(注意) 注意 1.9.4 で触れたように，「少しぐらいの同値変形」をしていることに注意せよ．実際，(1) の対偶は，厳密には，「健康でなければ，『朝早く起きて体操をする』のではない」であるが，ド・モルガンの法則を用いて，上記のような，わかりやすい表現にしている．他の場合も同様である．このあたり，理論的な厳格さより，「**人に正しくわかりやすく伝える**」という原点を大事にしようとする，本書の 1 つのテーゼでもある．ちなみに，**数学の証明もまた，「自分の考えを明確な表現で人に伝えるための伝達手段」**であるという基本を忘れないようにしたい．

1.10 含意と同値

定義 1.10.1 (含意 *) 命題 p, q に対して,
$$p \Rightarrow q$$
とは,
$$\text{命題 } p \to q \text{ の真理値が } 1 \text{ である}$$
ことをいう**. このとき,
$$q \text{ は } p \text{ の\textbf{必要条件}である}$$
$$p \text{ は } q \text{ の\textbf{十分条件}である}$$
という†.

注意 1.10.2 $p \Rightarrow q$ に対して, どちらが必要条件で, どちらが十分条件か, 忘れそうになる人は,「矢印 ($\Rightarrow$) の先端にあるのが必要条件」という意味で,

$$\text{「矢の先}_{\text{さき}}\text{は必要」}$$

と覚えておこう.

注意 1.10.3 $p \Rightarrow q$ であることは, $(p \to q) \equiv \mathrm{I}$ であることに他ならない.

---

* 43 ページの脚注で触れたように, 本書では,「含意」という言葉は通常とは少し異なる使い方をしています. が, そもそも,「含意」という呼び名自体が, あまりポピュラーでないので, いずれにしても, 名称は気にしなくて良いです.

** このあたり, 少し違和感を感じる人は, 注意 1.10.7 を参照のこと.

† 「q は p が成り立つための必要条件である」,「p は q が成り立つための十分条件である」という言い方もする.

> **注意 1.10.4**　"$p \to q$" の "$\to$" という記号は，"$\neg$（否定）"，"$\wedge$（かつ）"，"$\vee$（あるいは）" と同じ立場にある記号，すなわち，「命題たちの世界」の中での記号である．それに対し，"$\Rightarrow$" という記号は，「命題たちの世界」を外からながめた立場の記号[*]である．これに関しては，後で出てくる注意 1.10.15 も参照のこと．

はちべぇ：「『命題たちの世界』とか，『外の世界』とか，よくわからないな．」

くまさん：「あまり深く考えなくてもいいよ．"$\neg$"，"$\wedge$"，"$\vee$"，"$\to$" などは，命題どうしの演算の記号であって，命題とそれらの間の演算という，1つの閉じた体系だ．」

はちべぇ：「それが『命題たちの世界』なんだね．」

くまさん：「一方，$p \Rightarrow q$ は『$p \to q$ という命題が真である』ということだ．したがって，"$\Rightarrow$" には，**『命題たちの世界』の外から真偽を判定する行為が必要なわけだ．**」

はちべぇ：「おっと，ここで，『命題たちの世界』の住人から，**真偽の判定に対する不服の申し立てが提出された模様です．**」

くまさん：「きみの頭の中の世界って，とぉっても楽しい世界なんだろうな．」

> **定理 1.10.5**　p が命題のとき，
> (1) $p \Rightarrow \mathrm{I}$
> (2) $\mathrm{O} \Rightarrow p$

証明　真理表で示す．
(1) 以下の真理表から明らかである．

p	I	$p \to \mathrm{I}$
1	1	1
0	1	1

---

[*] 「メタ記号」という．ただし，ちゃんとした「記号論理学」の中での話ですが．

(2) これも，以下の真理表から明らかである．

p	O	O $\to p$
1	0	1
0	0	1

□

定理 1.10.6　命題 p, q に対して，
 (1)　$(p \wedge q) \Rightarrow p$
 (2)　$p \Rightarrow (p \vee q)$

証明　以下の真理表から明らかである．

p	q	$p \wedge q$	$(p \wedge q) \to p$	$p \vee q$	$p \to (p \vee q)$
1	1	1	1	1	1
1	0	0	1	1	1
0	1	0	1	1	1
0	0	0	1	0	1

□

注意 1.10.7　「命題 $p \to q$ が真であること」を $\to$ の代わりに $\Rightarrow$ という記号を使って $p \Rightarrow q$ と定義した．そこで "$P \Rightarrow Q$" とはどういうことか，もう少し考えてみよう．(p, q という文字は後で使いたいので，ここでは大文字 P, Q を用いた．) さて，命題 P と命題 Q の真偽によって，命題 $P \to Q$ は真であったり，偽であったりするので，**なんの制約もなければ $P \Rightarrow Q$ は一般には成り立たない**．それは真理表

(∗)

P	Q	$P \to Q$
1	1	1
1	0	0
0	1	1
0	0	1

を思い起こすまでのこともなかろう．しかし，P と Q が特別な論理式[*]のときは事情が変わってくる．例えば，$P = p \wedge q$, $Q = q$ のとき，定理 1.10.6 の証明でも見たように，真理表を書いてみると

p	q	$P(=p\wedge q)$	$Q(=q)$	$P\to Q$
1	1	1	1	1
1	0	0	0	1
0	1	0	1	1
0	0	0	0	1

となり，$P\Rightarrow Q$ であることがわかる．この真理表から P と Q が直接関係している列のみを抽出してみると

P	Q	$P\to Q$
1	1	1
0	0	1
0	1	1
0	0	1

である．これを見ると，P, Q の真理値の組み合わせは，

$$(P,Q) = (1,1), (0,1), (0,0)$$

の 3 種類だけしか，この真理表には現れていない．これは，p と q がどんな真理値を取ろうとも，**P, Q の真理表 (∗) の第 2 行目 ($(P,Q) = (1,0)$ の場合) が現れないということに他ならない**．このように，P, Q が特別な論理式 (P と Q がお互いになんらかの関係をもつ論理式) のときは，命題 $P\to Q$ が常に真である，すなわち，$P\Rightarrow Q$ であることがあり得るわけである．

定理 1.10.8 命題 p, q, r に対して，
$$p\Rightarrow q$$
ならば
 (1) $\overline{q} \Rightarrow \overline{p}$
 (2) $p\wedge r \Rightarrow q\wedge r$ [**]

---

[*]（前ページ）$p, q, \cdots$ などのような命題の記号，および，否定 "¯"，論理積 "∧"，論理和 "∨"，条件命題の "→" の 4 つの記号を用いて表現した命題のことを，(「論理記号を用いて作られた式」という意味で) **論理式**と呼ぶ．

[**] 本書では，記号 "⇒" は "≡" と同じレベルの記号なのでカッコをつけずに $p\wedge r\Rightarrow q\wedge r$ と書いています (24 ページの脚注を参照のこと)．同様に，(4) も $q\to r\Rightarrow p\to r$ と書いて良いわけですが，矢印が続いて見にくいのでカッコをつけました．このあたり，**わかりやすく書くという基本を忘れないようにしましょう**．

1.10 含意と同値

$\quad$(3) $\quad p \vee r \Rightarrow q \vee r$
$\quad$(4) $\quad (q \to r) \Rightarrow (p \to r)$
$\quad$(5) $\quad (r \to p) \Rightarrow (r \to q)$

が成り立つ．

証明 真理表は以下のようになる．（各命題の真理値を求める途中経過の部分は，紙数の関係上，省略している[*]．）

p	q	r	$p \to q$	$\bar{q} \to \bar{p}$	$(p \wedge r) \to (q \wedge r)$	$(p \vee r) \to (q \vee r)$	$(q \to r) \to (p \to r)$	$(r \to p) \to (r \to q)$
1	1	1	1	1	1	1	1	1
1	1	0	1	1	1	1	1	1
1	0	1	0	0	0	1	1	0
1	0	0	0	0	1	0	0	1
0	1	1	1	1	1	1	1	1
0	1	0	1	1	1	1	1	1
0	0	1	1	1	1	1	1	1
0	0	0	1	1	1	1	1	1

仮定から，$p \to q$ の真理値が 1 である．上記の真理表より，$p \to q$ の真理値が 1 であるのは，真理表の第 1,2,5,6,7,8 行目であるが，このときの（この行の），5 つの命題

$$\bar{q} \to \bar{p},$$
$$(p \wedge r) \to (q \wedge r),$$
$$(p \vee r) \to (q \vee r),$$
$$(q \to r) \to (p \to r),$$
$$(r \to p) \to (r \to q)$$

の真理値はすべて 1 であることが確かめられる．これは，$p \Rightarrow q$ ならば，(1) から (5) までが成り立つことに他ならない． $\square$

定理 1.10.9 (仮言三段論法[**]) 命題 p, q, r に対して，
$$p \Rightarrow q \text{ かつ } q \Rightarrow r$$
ならば

---

[*] したがって，実際には，省略した部分も記述する必要がある．

$$p \Rightarrow r$$
が成り立つ．

証明 真理表は以下のようになる．

p	q	r	$p \to q$	$q \to r$	$p \to r$
1	1	1	1	1	1
1	1	0	1	0	0
1	0	1	0	1	1
1	0	0	0	1	0
0	1	1	1	1	1
0	1	0	1	0	1
0	0	1	1	1	1
0	0	0	1	1	1

仮定から，$p \to q$ および $q \to r$ の真理値が1である．上記の真理表より，$p \to q$ および $q \to r$ の真理値が1であるのは，真理表の第 1,5,7,8 行目であるが，このときの，命題 $p \to r$ の真理値もすべて1である．これは，$p \Rightarrow q$ かつ $q \Rightarrow r$ ならば，$p \Rightarrow r$ が成り立つことに他ならない．□

定理 1.10.10 命題 p, q, r に対して，
(1) $p \Rightarrow q$ かつ $p \Rightarrow r$ ならば
$$p \Rightarrow (q \land r)$$

** (前ページ) 例題 1.8.3 の (1) で出てきた「風が吹くと桶屋がもうかる」という命題は，

風が吹くと，ホコリが舞う
ホコリが舞うと，ホコリが目に入り，目の病気が増える
目の病気が増えると，目の見えない人が増える
目の見えない人が増えると，三味線弾きの人が増える
（「目の見えない人」の職業は，昔は「三味線弾き」だった．）
三味線弾きの人が増えると，猫が減る
（三味線は猫の皮で作られる．）
猫が減ると，ネズミが増える
ネズミが増えると，ネズミが桶をかじることが多くなる
ネズミが桶をかじると，桶が売れて，桶屋がもうかる

という，一連の命題に対する**仮言三段論法**の繰り返しの適用により得られる**古典的な**ジョークです．言うまでもなく，「風が吹くと桶屋がもうかる」という命題が真であるのは，途中の命題（条件命題）がすべて真であるという前提のもとでのことです．

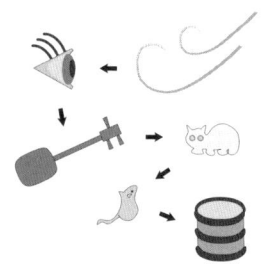

1.10 含意と同値

が成り立つ.

(2) $p \Rightarrow r$ かつ $q \Rightarrow r$ ならば
$$(p \vee q) \Rightarrow r$$
が成り立つ.

証明
(1) 真理表は以下のようになる.

p	q	r	$p \to q$	$p \to r$	$p \to (q \wedge r)$
1	1	1	1	1	1
1	1	0	1	0	0
1	0	1	0	1	0
1	0	0	0	0	0
0	1	1	1	1	1
0	1	0	1	1	1
0	0	1	1	1	1
0	0	0	1	1	1

仮定から, $p \to q$ と $p \to r$ は, どちらも真理値が 1 である. 上記の真理表より, $p \to q$ と $p \to r$ の真理値がどちらも 1 であるのは, 真理表の第 1 行目, および, 第 5 行目から第 8 行目であるが, このときの, 命題 $p \to (q \wedge r)$ の真理値もすべて 1 になっている. したがって, $p \Rightarrow q, p \Rightarrow r$ ならば, $p \Rightarrow (q \wedge r)$ であることが確かめられた.

(2) 真理表は以下のようになる.

p	q	r	$p \to r$	$q \to r$	$(p \vee q) \to r$
1	1	1	1	1	1
1	1	0	0	0	0
1	0	1	1	1	1
1	0	0	0	1	0
0	1	1	1	1	1
0	1	0	1	0	0
0	0	1	1	1	1
0	0	0	1	1	1

仮定から, $p \to q$ と $q \to r$ は, どちらも真理値が 1 である. 上記の真理表より, $p \to q$ と $p \to r$ の真理値のどちらも 1 であるのは, 真理表の第 1, 3,

5, 7, 8 行目であるが，このときの，命題 $p \to (q \wedge r)$ の真理値もすべて 1 になっている．したがって，$p \Rightarrow r, q \Rightarrow r$ ならば，$(p \vee q) \Rightarrow r$ であることが確かめられた． □

****

ここで，命題の「同値」を再定義する．ここで定義する「同値」は，これまでの真理表を用いた「同値」と同じであることが，あとで確かめられる．(注意 1.10.13 を参照のこと．)

定義 1.10.11 (同値) 命題 p, q に対して，
$$p \equiv q \quad (\text{p と q は同値である})$$
とは
$$p \Rightarrow q \text{ かつ } q \Rightarrow p$$
であることをいう．このとき，
$$q \text{ は } p \text{ の\textbf{必要十分条件}である}$$
あるいは，
$$p \text{ は } q \text{ の\textbf{必要十分条件}である}$$
という[*]．

注意 1.10.12 上記の定義をふまえて，「同値」の記号として，$p \equiv q$ の代わりに
$$p \Leftrightarrow q$$
という記号を使用することもある．(記号論理学以外の，**数学における議論一般においては，こちらの書き方を用いる方が多い．**)

はちべぇ：「『同値』という言葉は，数学ではよく出てくるね．」
くまさん：「一般的に言って，『同じもの』ではないけど，『同じもの』と見なしたい場合に，同値関係と呼ぶんだ[**]．」

---

[*] 必要条件や十分条件のときと同様に，「q は p が成り立つための必要十分条件である」，「p は q が成り立つための必要十分条件である」という言い方もする．

1.10 含意と同値　　　　　　　　　　　　　　　　　　　　　　　　　　59

はちべぇ：「じゃあ，恋人に，『君とボクとは**同値関係だね**』なんて言葉をかければ，大変オシャレなわけだ[†]．」

くまさん：「それがオシャレだと思える彼女なら，確かに，きみとは同値関係かもしれないなぁ．」

注意 1.10.13　　「$p \Rightarrow q$ かつ $q \Rightarrow p$」であるというのは，

　　　　　命題 $p \to q$ および命題 $q \to p$ の真理値が 1 である

ということであり，これは，

　　　　　命題 $(p \to q) \land (q \to p)$ の真理値が 1 である

ことに他ならない．そこで，命題 $(p \to q) \land (q \to p)$ の真理表を書いてみると，

p	q	$p \to q$	$q \to p$	$(p \to q) \land (q \to p)$
1	1	1	1	1
1	0	0	1	0
0	1	1	0	0
0	0	1	1	1

となる．この表を見ると，「$(p \to q) \land (q \to p)$ の真理値が 1 であること」と「p と q の真理値が等しいこと」は，一致している．したがって，上記の「**同値**」の定義（定義 1.10.11）と，以前の「**同値**」の定義（定義 1.5.1）は，同じであることがわかった．

注意 1.10.14　　実際の表現の仕方として，「p と q は同値である」ということを

[**]（前ページ）一般に，3 つの性質

　　反射律：　$p \equiv p$
　　対称律：　$p \equiv q$　ならば　$q \equiv p$
　　推移律：　$(p \equiv q$ かつ $q \equiv r)$ ならば $p \equiv r$

を満たす"関係" $\equiv$ を**同値関係**と呼びます．『同じもの』と見なして議論していくために，最低限必要な条件が，上の 3 つの性質というわけです．また，互いに同値なものどうしの集まりを**同値類**と呼びます．

[†] オシャレと言えば，ナンパするときに，

　　　　　　「ねぇ，かのじょぉ〜，**ボクと微分しない？**」

なんていうのもあります．お試しください．

$$p のとき，そして，そのときに限り^{*} q である$$
か，
$$p は q の必要十分条件である$$
とか，いくつかの表現の仕方に慣れておこう．

注意 1.10.15 　記号論理学では，ふつうは，"$(p \to q) \wedge (q \to p)$" という命題のことを "$p \equiv q$" と書いて，「同値命題」と呼ぶことが多い．この場合，"$\equiv$" という記号は "$\overline{}, \wedge, \vee, \to$" と**同じ立場にある記号**，すなわち，**「命題たちの世界」の中での記号**である．それに対し，本書では，"$\equiv$" という記号は，記号 "$\Rightarrow$" とともに，**「命題たちの世界」を外からながめた立場の記号**として，使用していることに注意しておくこと．

注意 1.10.16 　注意 1.10.13 により，上記の「同値」の定義によっても，第 1.5 節のすべての定理 (反射律から吸収律まで) とド・モルガンの法則が成り立つことに，注意しておこう．

次の 2 つの定理は，注意 1.10.13 に注意すれば，定理 1.6.5 と定理 1.6.6 から得られる．ここでは，定義 1.10.11 に基づいて証明して (再確認して) おこう．

定理 1.10.17 　命題 p, q, r に対して，
$$p \equiv q$$
ならば
 (1) 　$\overline{p} \equiv \overline{q}$
 (2) 　$p \wedge r \equiv q \wedge r$
 (3) 　$p \vee r \equiv q \vee r$
 (4) 　$p \to r \equiv q \to r$
 (5) 　$r \to p \equiv r \to q$
が成り立つ．

---

* 英語で言うと "$\cdots$ if and only if $\cdots$" です．ちなみに，"if and only if" は "iff" と略記されます．

1.10 含意と同値

証明 (1) を示す．仮定より，$p \Rightarrow q$ かつ $q \Rightarrow p$ である．定理 1.10.8 の (1) を用いると，$p \Rightarrow q$ より，$\overline{q} \Rightarrow \overline{p}$ であることがわかり，また，$q \Rightarrow p$ より，$\overline{p} \Rightarrow \overline{q}$ であることがわかる．したがって，$\overline{p} \equiv \overline{q}$ である．同様に，(2) 〜 (5) も定理 1.10.8 を用いて証明できる． □

定理 1.10.18 命題 p, q, r に対して，
$$p \equiv q \text{ かつ } q \equiv r$$
ならば
$$p \equiv r$$
が成り立つ．

証明 仮定より，$p \Rightarrow q, q \Rightarrow p, q \Rightarrow r, r \Rightarrow q$ である．定理 1.10.9 を用いると，$p \Rightarrow q, q \Rightarrow r$ より $p \Rightarrow r$ であることがわかり，また，$r \Rightarrow q, q \Rightarrow p$ より $r \Rightarrow p$ であることがわかる．したがって，$p \Rightarrow r$ かつ $r \Rightarrow p$，すなわち，$p \equiv r$ である． □

上記の 定理 1.10.17 と定理 1.10.18 を考慮すれば，36 ページで説明したのと同様に，ここでの「同値」についても同値変形を用いることができる．(もちろん，「ここでの『同値』の定義 (定義 1.10.11) が，以前の『同値』の定義 (定義 1.5.1) と同じである」ことが 注意 1.10.13 によりわかっているので，同値変形を行ってよいことはすでに保証されてはいるが．)

例題 1.10.19 定理 1.9.2 を同値変形で証明せよ．

証明
$$p \to q \stackrel{\text{定義}}{\equiv} \overline{p} \vee q \stackrel{\text{交換律}}{\equiv} q \vee \overline{p} \stackrel{\substack{\text{反射律と} \\ \text{定理 1.10.17(3)}}}{\equiv}{}^{*} \overline{\overline{q}} \vee \overline{p} \stackrel{\text{定義}}{\equiv} \overline{q} \to \overline{p} \quad \square$$

---

* もちろん，定理 1.10.17 (3) は定理 1.6.5 (3) と言っても同じことである．

注意 1.10.20　$p_1 \Rightarrow p_2, p_2 \Rightarrow p_3, p_3 \Rightarrow p_4, \cdots$ のとき，これを
$$p_1 \Rightarrow p_2 \Rightarrow p_3 \Rightarrow p_4 \cdots$$
あるいは，各命題 p_i の記述が長いとき，
$$\begin{array}{c} p_1 \\ \Rightarrow \\ p_2 \\ \Rightarrow \\ p_3 \\ \Rightarrow \\ p_4 \\ \vdots \end{array}$$
と書く．

注意 1.10.21　上の注意で，$\Rightarrow$ の代わりに，$\Leftrightarrow$ のときも同様である．また，$\Rightarrow$ と $\Leftrightarrow$ がまざっているときも，同様である．例えば，$p_1 \Rightarrow p_2, p_2 \Leftrightarrow p_3, p_3 \Rightarrow p_4, p_4 \Rightarrow p_5, \cdots$ のとき，これを
$$p_1 \Rightarrow p_2 \Leftrightarrow p_3 \Rightarrow p_4 \Rightarrow p_5 \cdots$$
あるいは，
$$\begin{array}{c} p_1 \\ \Rightarrow \\ p_2 \\ \Leftrightarrow \\ p_3 \\ \Rightarrow \\ p_4 \\ \Rightarrow \\ p_5 \\ \vdots \end{array}$$
と書く．

<<ちょっと休憩>>

論理パズル

　以下の問題は,「論理パズル」と呼ばれるものの一種です．レイモンド・M・スマリアン「パズルランドのアリス」(社会思想社) から，抜粋しました．(紙数の関係上，一部省略しました．) 記号論理を知っていると，このようなパズルも簡単な論理計算で解けてしまいます．もちろん，記号論理を知らなくても解けますが，知っていた方が**状況の整理**と**思考の節約**により，見通しよく解けるわけです．時間の余裕のあるときにでも挑戦してみてください．(答えは214ページ)

　彼はポケットからトランプのカードを出して，アリスに見せました．それはダイヤの女王でした．「ごらんのとおり，これは赤のカードだ．さて，赤のカードをもっている人は，本当のことをいう．反対に黒のカードをもっている人は，嘘をつくことになっているのさ．そこにいるぼくの兄弟 (彼はもう一人を指しました) もポケットに赤か黒か知らないがカードをもっている．彼は今何かいおうとしている．もしも彼のカードが赤なら，彼は本当のことをいうだろうが，もしもカードが黒なら，まちがったことをいうだろう．そこできみの仕事は，彼がディーなのか，それともダムなのか[*]をつきとめることなんだ．」

(第1ラウンド)　兄弟のもう一人がいいました．「ぼくはダムだ，そして，黒のカードをもっている．」
　アリスはわけなく，彼がだれかを知ることができました．では彼はだれだったでしょう？

(第2ラウンド)　兄弟は家の中にはいり，すぐに一人がポケットにカードを入れて出てきて，いいました．「もしもぼくがダムなら，赤のカードをもっていないよ．」
　アリスは，このパズルは前のよりかなりむずかしいと思いましたが，なんとか解くことができました．では答えはどうでしょう？

---

[*] ルイス・キャロル「鏡の国のアリス」の中に出てくる「トウィードルダム」と「トウィードルディ」のことを，上記の訳書にしたがって，「ダム」と「ディー」というふうに省略している．

(第3ラウンド)　このラウンドでは，兄弟の一人が出てきていいました．「ぼくはダムであるか，または黒のカードをもっている．」

では彼はだれだったでしょう？

(第4ラウンド)　このラウンドでは，兄弟の一人が出てきていいました．「ぼくは黒のカードをもったダムか，または赤のカードをもったディーだ．」

彼はだれだったでしょう？

1.11　証明の構造

数学の定理というのはすべて，

ある仮定（p とする）のもとで
ある結論（q とする）が成り立つ

という表現をもち，

$$p \to q$$

という形の命題になっている．（一見，「…である」という結論 q だけの主張であっても，それは単に，仮定 p が公理や前提として省略されているだけである．）
さて，このような命題 $p \to q$ を**証明する**ということはどういうことかというと，

命題 $p \to q$ が真であること

すなわち，

$$p \Rightarrow q \text{ であること}$$

を示すことに他ならない．

さて，このような「証明」を行う方法はいくつかあるが，主たるものは，次の3つである．

(1)　**直接法**
(2)　**対偶法**
(3)　**背理法**

この3つの方法について，少し説明しておく．

(1) 直接法

最もふつうに「証明」と考えられているものである．これは，「p を仮定して q を示す」，もう少し詳しくは，

($*$)　　　p が真であると仮定して，q が真であることを示す

という証明方法である．「p が偽のときは，$p \to q$ は常に真である」こと（注意 1.8.2）を思いおこすと，($*$) を示しさえすれば，$p \Rightarrow q$ が得られたことになる．

(2) 対偶法

「命題 $p \to q$ は，その対偶 $\overline{q} \to \overline{p}$ と同値であること」（命題 1.9.2）を用いて，「命題 $p \to q$ が真であること」（すなわち，$p \Rightarrow q$ であること）を示す代わりに，

$$\text{対偶 } \overline{q} \to \overline{p} \text{ が真であること}$$
$$(\text{すなわち，} \overline{q} \Rightarrow \overline{p} \text{ であること})$$

を示す証明方法である．

(3) 背理法

「仮定 p のもとで，結論を否定（すなわち，命題 $\overline{q}$ を仮定）すると矛盾が出ること」，すなわち，

$$p \wedge \overline{q} \text{ が偽になることを示すこと}$$

である．これは，「命題 $\overline{p \wedge \overline{q}}$（すなわち，$p \to q$）が真になること」と同じであるので，$p \Rightarrow q$ を示すことに他ならない．

例題 1.11.1
$$x = y \text{ ならば } x^2 - 2xy + y^2 = 0 \text{ である}$$
という命題を，直接法，対偶法，背理法の 3 通りで証明せよ．

直接法　　　対偶法　　　背理法

解答例

直接法： 仮定から $x=y$ であるから $x=y$ を代入すると,
$$x^2 - 2xy + y^2 = y^2 - 2y^2 + y^2 = 0$$

対偶法： 証明すべき命題の対偶は
$$x^2 - 2xy + y^2 \neq 0 \text{ ならば } x \neq y \text{ である}$$
であるから，これを証明する．仮定 $x^2 - 2xy + y^2 \neq 0$ の左辺を因数分解すると，$(x-y)^2 \neq 0$ となる．したがって，$x - y \neq 0$，すなわち，$x \neq y$ である．

背理法： 仮定 $x = y$ のもとで，結論を否定する，すなわち，$x^2 - 2xy + y^2 \neq 0$ であるとする．このとき，因数分解して，上と同様の議論から，$x \neq y$ が得られる．これは $x = y$ に矛盾する． □

はちべぇ：「証明方法の違いは，なんとなくわかったけど，上のはあまりに単純な例なんで，なんか変な感じだ．」

くまさん：「要するに，**証明に対する姿勢**だよ．『直接法』は正攻法で，アイデアや作戦が必要なことが多いのに対し，『背理法』は少しヤボッたいが，矛盾を出しさえすれば良いので，取っつきやすい，というところかな．」

はちべぇ：「『対偶法』は？」

くまさん：「これは，あまり見かけないなあ．『背理法』で代用されてしまうからかな．」

はちべぇ：「それじゃ，背理法(はいりほう)でなくて，代理法(だいりほう)だな．」

くまさん：「よく，そんな古墳時代のダジャレをさらっと言えるなぁ．」

はちべぇ：「カンブリア紀のきみに言われたくないね．」

1.12 演習問題

[1] 命題「ゴールデンウィークにしっかり勉強するならば，試験の成績は良い．」の否定はどれか，番号で答えよ．

(1) ゴールデンウィークにしっかり勉強するならば，試験の成績は悪い．
(2) ゴールデンウィークにしっかり勉強しないならば，試験の成績は悪い．
(3) ゴールデンウィークにしっかり勉強しないし，試験の成績は良い．
(4) ゴールデンウィークにしっかり勉強するが，試験の成績は悪い．

[2] 命題「朝食にカレーを食べ，かつ，昼食にカレーを食べるなら，インドで生活ができる．」の否定はどれか，番号で答えよ．（カレーに愛をこめて）

(1) 朝食にカレーを食べないか，あるいは，昼食にカレーを食べないならば，インドで生活はできる．
(2) 朝食にカレーを食べないか，あるいは，昼食にカレーを食べないならば，インドで生活はできない．
(3) 朝食にカレーを食べ，かつ，昼食にカレーを食べても，インドで生活はできない．
(4) 朝食にカレーを食べず，かつ，昼食にカレーを食べないならば，インドで生活はできない．

[3] 命題「私が合図を送るならば，火星のコメディアンが遊びに来るし，金星の美人からラブレターも来る．」の否定はどれか，番号で答えよ．

(1) 私が合図を送っても，火星のコメディアンは遊びに来ないし，金星の美人からラブレターも来ない．
(2) 私が合図を送っても，火星のコメディアンは遊びに来ないか，または，金星の美人からラブレターも来ない．
(3) 私が合図を送らないならば，火星のコメディアンは遊びに来ないし，金星の美人からラブレターも来ない．
(4) 私が合図を送らないならば，火星のコメディアンは遊びに来ないか，または，金星の美人からラブレターも来ない．

[4] 次の命題の「否定」をなるべく簡単な文章で表現したものを，それがそれぞれ否定になっている理由をつけて答えよ．

(1) 写真を撮るとき，ピースサインを出すならば，周りは古代メソポタミア文明か，

あるいは，安土桃山時代になる．
(2) 私がミスター・マリック[*]ならば，何もないところから2万円札を出すし，警察にも捕まる．
(3) 冬に天気が雨か雪ならば，寒さしのぎに家の中であばれる．

[5] 命題 p, q, r に対して，以下の事柄を証明せよ．

(1) $(p \wedge q) \vee (\bar{p} \wedge \bar{q}) \equiv (p \vee \bar{q}) \wedge (\bar{p} \vee q)$
(2) $(p \vee q) \wedge (\bar{p} \vee \bar{q}) \equiv (p \wedge \bar{q}) \vee (\bar{p} \wedge q)$
(3) $(p \wedge q) \vee (p \wedge \bar{q}) \equiv p$
(4) $(p \vee q) \wedge (p \vee \bar{q}) \equiv p$
(5) $(p \wedge q) \vee (\bar{p} \wedge \bar{q}) \vee p \equiv p \vee \bar{q}$
(6) $(p \wedge q) \vee (\bar{p} \wedge \bar{q}) \vee \bar{p} \equiv \bar{p} \vee q$
(7) $(p \vee q) \wedge (\bar{p} \vee \bar{q}) \wedge p \equiv p \wedge \bar{q}$
(8) $(p \vee q) \wedge (\bar{p} \vee \bar{q}) \wedge \bar{p} \equiv \bar{p} \wedge q$
(9) $(p \wedge q) \to r \equiv (p \to r) \vee (q \to r)$
(10) $(p \vee q) \to r \equiv (p \to r) \wedge (q \to r)$
(11) $p \to (q \wedge r) \equiv (p \to q) \wedge (p \to r)$
(12) $p \to (q \vee r) \equiv (p \to q) \vee (p \to r)$
(13) $(p \to q) \to (p \wedge q) \equiv p$
(14) $(p \to q) \to (p \vee q) \equiv p \vee q$
(15) $(p \wedge q) \to (p \to q) \equiv \mathrm{I}$
(16) $(p \vee q) \to (p \to q) \equiv \bar{p} \vee q$
(17) $(p \wedge q) \to (p \vee q) \equiv \mathrm{I}$
(18) $(p \vee q) \to (p \wedge q) \equiv (p \vee \bar{q}) \wedge (\bar{p} \vee q)$
(19) $(p \to q) \to p \equiv p$
(20) $(p \to q) \to q \equiv p \vee q$
(21) $p \to (p \to q) \equiv p \to q$
(22) $q \to (p \to q) \equiv \mathrm{I}$
(23) $p \to (q \to r) \equiv (p \wedge q) \to r$
(24) $p \wedge (p \to q) \equiv p \wedge q$
(25) $q \wedge (p \to q) \equiv q$
(26) $p \to \mathrm{O} \equiv \bar{p}$
(27) $\mathrm{I} \to p \equiv p$

---

[*] ちなみに，「マリック」という名前は，「マジック」と「トリック」を組み合わせたものらしい．

[6] 命題 p, q, r, s に対して,
$$p \Rightarrow r \text{ かつ } q \Rightarrow s$$
ならば

(1) $p \wedge q \Rightarrow r \wedge s$
(2) $p \vee q \Rightarrow r \vee s$
(3) $(r \to q) \Rightarrow (p \to s)$

が成り立つことを示せ.

[7] 以下の ☐ の中に入れる用語で,

　　　　(イ) 必要　　　(ロ) 十分　　　(ハ) 必要十分

のうち, **最も適当なもの**はどれか, 理由をつけて答えよ. (「最も適当なもの」とは, 例えば,「『必要十分条件』であれば,『必要条件』と答えても間違いではないが, 最も適当であるとは言えない」というような意味である.)

(1) x が実数のとき,
　　"$x^2 \neq 0$" は "$x > 0$" の ☐ である.
(2) x, y が実数のとき,
　　"$x = y = 0$" は "$xy = 0$" の ☐ である.
(3) x, y が実数のとき,
　　"$x/y \geqq 0$" は "$xy \geqq 0$" の ☐ である.

[8] 次の論理式の論理回路図を書け.

(1) $\overline{p} \vee \overline{q}$
(2) $\overline{p \wedge q}$
(3) $p \to q$

[9] $p \wedge q$ を真理値 $1, 0$ の関数 (f_1 とする) と見たとき,
$$f_1(p, q) = pq \quad (p \text{ と } q \text{ の積})$$
と書ける. 実際, p と q がともに 1 のとき, 1 で, それ以外のときは 0 である. これをふまえて, 以下の関数を p, q と, **割り算を除く四則演算 ($+, -, \times$) だけを用いて**表せ.

(1) $f_2(p, q) = p \vee q$

(2) $f_3(p) = \overline{p}$
(3) $f_4(p, q) = p \to q$

[10] 命題 p, q, r に対して $p \to q$ が真である (すなわち, $p \Rightarrow q$ である) とする. このとき, 以下の命題について, 真であるとき ○ を, 偽であるとき × を, 真偽の判定が不明のとき △ をつけ, その理由を答えよ.

(1) $p \to (q \land r)$
(2) $p \to (q \lor r)$
(3) $(p \land r) \to q$
(4) $(p \lor r) \to q$

補足：記号の強弱について

　和の記号 + と積の記号 × の間には,「+ より × の方が**優先される** (+ より × の方が**強い**)」という**記号の強弱**という関係がありました. 例えば, カッコを省略して書いた

$$1 + 2 \times 3$$
$$1 \times 2 + 3$$

はそれぞれ

$$1 + (2 \times 3)$$
$$(1 \times 2) + 3$$

の意味でした.
　さて, これまで, 命題から他の命題を作るときに, 4 つの記号

　　　　否定 "¯", 論理積 "∧", 論理和 "∨", そして, 条件命題の "→"

が出てきました. これらの 4 つの記号の間にも強弱関係があります. 上にあげた並びが, 強いものからの順になっています. すなわち, 否定の記号 ¯ が最も強く, 次が ∧ で, ∨ が 3 番目に強くて, → はいちばん弱いです[*]. したがって, 例えば, カッコを省略して

---

[*] ∧ と ∨ は同じ強さである, すなわち, 強さの順位でいうと ¯ が 1 位, ∧ と ∨ が同率 2 位, → が 3 位であるとする流儀もあります. 双対性の観点からは, こちらの方が妥当であるような気がしますが.

$$p \wedge q \to r$$
$$p \to q \wedge r$$

と書くと

$$(p \wedge q) \to r$$
$$p \to (q \wedge r)$$

の意味になります.

　省略できるものはすべて省略するというのではなく，**省略するかしないかは「わかりやすい表現かどうか」を基準に判断**してください．表現が複雑にならない限り，**省略せずに丁寧に書く**ことをお勧めします.

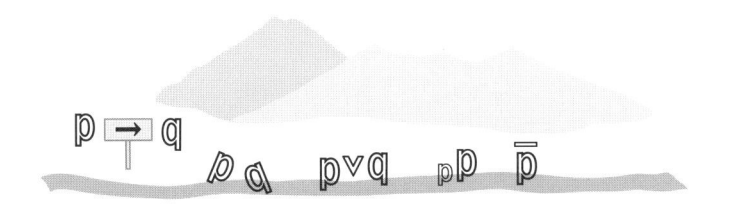

命題たちの世界

ろんりの練習（その2）

世の中のすべての試験がなくなれば，

すべての人生がもっと楽しくなる．

あなたは上の文章の**否定**（「〜でない」）を作れますか？

なんの苦もなく作れる ↙　　作れない ↓　　↘ よくわからない

| 念のため
第2章から
はじめる | **第2章へ進む** | ふりだしにもどる
じゃなくて，
第2章へ進む |

答えは次のページ

(答) 否定命題は,「世の中のすべての試験がなくなっても,ある人生はもっと楽しくはならない」.詳しくは,第 2 章へ.

―― **第 2 章を読むに当たっての注意** ――

第 2 章では，集合の記号を少しだけ用います．高校で習っている範囲のものですので，たぶん問題はないと思いますが，念のために言っておきますと，仮定するのは，第 3 章の，定義 3.1.1，定義 3.1.5，定義 3.1.3，そして，133 ページの集合の表記法です．

第2章 述語論理

2.1 命題関数

> **定義 2.1.1** $p(x_1, x_2, \cdots, x_n)$ が $x_1, \cdots, x_n$ を変数とする (n 変数の) **命題関数**であるとは，集合 $X_1, X_2, \cdots, X_n$ が与えられていて，各 $x_i \in X_i$ ($i = 1, \cdots, n$) に対して命題 $p(x_1, x_2, \cdots, x_n)$ が定まることをいう[*]．このとき，変数 x_i は X_i を動くという[**]．

くまさん：「要するに『命題関数』とは，各 $x_1, x_2, \cdots, x_n$ を1つ決めるごとに，『命題』が定まるものだ．その観点から見ると，第1章で勉強してきた『命題』は，"定数"に対応しているわけだ[†]．」

命　題		命題関数
"定数 (定数関数)"	⇝	"関　数"

はちべぇ：「定"数"というより，定"命題"なんだね．」

---

[*] 第3章の「集合」の用語 (定義 3.1.30) を用いると，命題関数とは，**直積集合** $X_1 \times \cdots \times X_n$ から**命題全体の集合への写像**のこと．この場合，値は数でないので，「命題**写像**」と呼ぶべきものであるが，慣習的に「命題**関数**」という．(定義 3.2.3 を参照．) もっとも，命題を真理値のみでとらえれば，確かに 0 か 1 の数と言えなくもないが．

[**] 正確には，「X_i は，変数 x_i の**変域** (あるいは，**定義域**) である」といいますが，ここでは，このようなヤワラカイ言葉にしました．

[†] ここでの「定数」という説明と，40ページの「恒真命題，恒偽命題」における「**真理値が一定な命題**」という意味の「定数」という説明とを混同しないでください．ここでの「定数」は，はちべぇさんの言うとおり，「定"**命題**"」というべきもので，「定数」の意味が違います．

くまさん：「いいこと言うなあ．お〜ぃ，だれか，はちべぇにザブトン 1 枚やっ
　　　　　とくれ．」
はちべぇ：「いらん．」

注意 2.1.2　実際の記述では，変数の動く範囲を規定する集合 X_i は明記せ
ず，単に「命題関数 $p(x_1, x_2, \cdots, x_n)$」ということがあるので，変数 x_i がど
こを動いているのか，常に注意しておくこと．

例 2.1.3　次は，すべて命題関数である．
  (a)　$p(x)$: x は女である．
  (b)　$q(x)$: $x + 2 = 1$．
  (c)　$r(x, y)$: x と y は友人である．
  (d)　$s(x, y)$: $2x + y = \sqrt{3}$．
$(a), (b)$ は 1 変数，$(c), (d)$ は 2 変数である．上の注意 2.1.2 で触れたように，
命題関数というときは，変数の動く範囲を注意しておく必要があるが，今の
場合は，あとで，その範囲をいろいろ変えて例をみるために，わざとぼかし
てある．

例題 2.1.4　例 2.1.3 において，x がそれぞれ以下の集合を動くとき，次の
命題の真理値はどうなるか答えよ．
  (1)　(a) において，x が日本人全体の集合を動くとき．
  (2)　(a) において，x がお茶の水女子大学の学生全体の集合を動くとき．
  (3)　(b) において，x が実数全体の集合 $\mathbb{R}$ を動くとき．
  (4)　(b) において，x が自然数全体の集合 $\mathbb{N}$ を動くとき．
  (5)　(c) において，x および y が仲良しグループのメンバー全員の集合を動
　　　くとき．
  (6)　(c) において，x および y がハワイの住民全体を動くとき．
  (7)　(d) において，x および y が実数全体の集合 $\mathbb{R}$ を動くとき．
  (8)　(d) において，x および y が有理数全体の集合 $\mathbb{Q}$ を動くとき．

解答例

(1) 性別によって，真理値が異なる．例えば，日本人の A 君 (男性) と B さん (女性) に登場してもらうと，命題 $p(\text{A 君})$ は「A 君は女である」となり，真理値は 0 であるのに対し，命題 $p(\text{B さん})$ は「B さんは女である」となり，真理値は 1 である．

(2) お茶の水女子大学の学生は，女性ばかり (のはず) だから，どんな x に対しても，命題 $p(x)$，すなわち，「x は女である」の真理値は 1 である．

(3) $x = -1$ のときは命題 $q(-1)$ は「$(-1) + 2 = 1$」となり，真理値は 1 であるが，それ以外の x については，真理値は 0 である．

(4) 自然数 x に対しては，$x + 2 \geq 3$ なので，$x + 2 = 1$ は成り立たない．したがって，どんな $x \in \mathbb{N}$ に対しても，$q(x)$ の真理値は 0 である．

(5) 「仲良しグループ」内では，すべての人が友人なので*，どんな x, y に対しても，$r(x, y)$ の真理値は 1 である．

(6) ハワイの住民の中には友人もいれば，そうでないペアもあるので，命題 $r(x, y)$ の真理値は，x, y により 1 になったり，0 になったりする．

(7) $x = t, y = \sqrt{3} - 2t \quad (t \in \mathbb{R})$ のときは，$2x + y = \sqrt{3}$ が成り立つので，命題 $s(x, y)$ の真理値は 1 であり，それ以外のときは，成り立たないから，$s(x, y)$ の真理値は 0 である．

(8) 有理数 x, y に対しては，$2x + y$ も有理数であるから，$2x + y = \sqrt{3}$ は成り立たない．したがって，どんな $x, y \in \mathbb{Q}$ に対しても，$s(x, y)$ の真理値は 0 である．

仲よしグループ

---

* 「グループとしては仲良しだが，個人的には，つきあいがない場合はどうなるのか」という反論は直ちに却下．例題なんだから素直にいきましょう．でも，こういうヘリクツこねるやつが絶対にいるんだな．

命題関数 $p(x_1,\cdots,x_m)$, $q(y_1,\cdots,y_n)$ に対して,

$$\begin{array}{ll}\text{否定} & \overline{p(x_1,\cdots,x_m)} \\ \text{論理積} & p(x_1,\cdots,x_m) \wedge q(y_1,\cdots,y_n) \\ \text{論理和} & p(x_1,\cdots,x_m) \vee q(y_1,\cdots,y_n) \\ \text{条件命題} & p(x_1,\cdots,x_m) \to q(y_1,\cdots,y_n)\end{array}$$

が自然に定義される．例えば，$p(x_1,\cdots,x_m) \wedge q(y_1,\cdots,y_n)$ は $x_1,\cdots,x_m$, $y_1,\cdots,y_n$ の $(m+n)$ 個の変数をもつ命題関数であって，与えられた $x_1,\cdots,x_m$, $y_1,\cdots,y_n$ に対し，$p(x_1,\cdots,x_m)$ および $q(y_1,\cdots,y_n)$ は命題であるので，その論理積 $p(x_1,\cdots,x_m) \wedge q(y_1,\cdots,y_n)$ を対応させるものとする．ただし，$\wedge$, $\vee$, $\to$ については，**変数 $x_1,\cdots,x_m$ と変数 $y_1,\cdots,y_n$ の間に共通の変数が含まれているときは，その変数の動く範囲は同じでなければならない**．例えば，2 つの命題関数 $p(x)$ と $q(x,y)$ に対して，どちらの変数 x も同じ範囲を動くのでなければ，$p(x) \wedge q(x,y)$ を考えることができない[*]．もちろん，$p(x) \wedge q(y,z)$ のように共通の変数がなければ，問題はない．

例題 2.1.5 例 2.1.3 における命題関数 $p(x), q(x), r(x,y), s(x,y)$ に対して，次はどんな命題関数になるか答えよ．
(1) $\overline{p(x)}$
(2) $\overline{r(x,y)}$
(3) $p(x) \wedge q(y)$
(4) $p(x) \vee r(y,z)$
(5) $p(x) \wedge r(x,y)$
(6) $\overline{q(x)} \wedge s(y,x)$
(7) $\overline{p(x) \to r(x,y)}$

---

[*] このあたり，ふつうの関数の場合と同様である．例えば，$x > 0$ でしか定義されていない関数 $f(x) = \log x$ と，$x \neq 1$ で定義されている関数 $g(x) = 1/(1-x)$ に対して，関数の和 $f(x) + g(x) = \log x + 1/(1-x)$ が定義されているのは，両者の定義域 (x の動く範囲) の共通部分となる "$0 < x < 1$ および $1 < x$" という領域のみである．言いかえると，$f(x)$ および $g(x)$ のそれぞれの x がこの共通部分を動くものとして (すなわち，定義域を同じ領域に制限してから) $f(x) + g(x)$ を考えたものに他ならない．

2.1 命題関数

解答例
(1) $\overline{p(x)}$: x は女ではない．
(2) $\overline{r(x,y)}$: x と y は友人ではない．
(3) $p(x) \wedge q(y)$: x は女であり，かつ，$y+2=1$ である．
(4) $p(x) \vee r(y,z)$: x は女であるか，あるいは，y と z は友人である．
(5) $p(x) \wedge r(x,y)$: x は女であり，かつ，x と y は友人である．
(6) $\overline{q(x)} \wedge s(y,x)$: $x+2 \neq 1$ であり，かつ，$2y+x=\sqrt{3}$ である．
(7) $\overline{p(x)} \to \overline{r(x,y)}$: x が女でないならば (すなわち，男であるならば)，x と y は友人でない．

くまさん:「あれ，はちべぇ，どうしたの？ 目にアザなんか作っちゃって．」
はちべぇ:「命題関数の練習しててね．」
くまさん:「練習でどうしてそんなアザができるんだよ．」
はちべぇ:「上の例題 2.1.5 をやっててね．」
くまさん:「やっててどうしたの？」
はちべぇ:「ちょうど，隣に住んでるアッコねえちゃんが通りかかったもんでね．」
くまさん:「ふんふん，それで？」
はちべぇ:「(1) の $\overline{p(x)}$ の x に「アッコちゃん」を代入したんですよ．」
くまさん:「実践練習だな．」
はちべぇ:「でもって，$\overline{p(\text{アッコちゃん})}$ だから『**アッコちゃんは女でない**』って言ったら，いきなり右目にパンチが飛んできて…．」
くまさん:「それは相手が悪かったな．」
はちべぇ:「それにしても，命題関数って大変なんだね．」
くまさん:「大変なのは，あんたの**タイミングの悪さ**だけだと思うがなぁ．」

****

　上記の 4 つの操作 (否定，論理積，論理和，条件命題) については，命題関数に関しても，第 1 章で述べた結果がすべて成り立つことが容易にわかる．これからは，「命題関数」も「命題」と同様にあつかっていくことになる．

2.2 全称命題

定義 2.2.1 (全称命題) （1変数の）命題関数 $p(x)$ に対して
$$\text{すべての } x \in X \text{ について } p(x) \text{ である}$$
という命題のことを
$$\forall x \in X \ p(x) \quad \text{あるいは} \quad \forall x \ p(x)$$
と書き，**全称命題**という．

注意 2.2.2 "$\forall$" という記号は，「all（すべての）」または「any（任意の）」の頭文字の A を逆さにしたもので**全称記号**と呼ばれる．"$\forall x$" は，「**すべての x について**」あるいは「**任意の x について**」と読む．（「すべての」と「任意の」は若干ニュアンスは違うが，意味する内容は結果として同じものになる[*]．）また，$\forall x$ は $p(x)$ に"作用"していると見て "$\forall x$" を **全称作用素**と呼ぶこともある．

はちべぇ：「"$\forall$" って，どう書くの？」
くまさん：「正確な書き順は知らない．私は V を書いてから横棒を入れてるけど．書き易いように書けばいいんじゃない．」
はちべぇ：「初めはなかなか難しそうだね．」
くまさん：「すぐに慣れるよ．」
はちべぇ：「う〜ん．面倒だから $\forall$ のスタンプでも作っておこう．」
くまさん：「こらこら．それに，わざわざ作らなくても，A のスタンプ買ってきて，ひっくり返して使えばいいんじゃない．」
はちべぇ：「いや，$\forall$ と，逆さの A は違うぞ[**]．私は納得せんぞ．」
くまさん：「そんなことより，もっとやるべきことが，たくさんあるだろうが．」

注意 2.2.3 $\forall x \ p(x)$ は，
$$\text{どんな } x \text{ についても } p(x) \text{ である}$$

---

[*] 英語でいうと，「すべての」が "**all**" で，「任意の」が "**any**" に対応している．
[**] 実際の活字体（フォント）は，微妙に違うようです．美的感覚が反映されています．

注意 2.2.4 X が有限個の要素からなるとき, すなわち, $X = \{a_1, a_2, \cdots, a_n\}$ のときは
$$\forall x \in X\ p(x) = p(a_1) \wedge p(a_2) \wedge \cdots \wedge p(a_n)$$
である[*]. これをふまえると, 一般の集合 X に対しても
$$\forall x \in X\ p(x) = \text{``}\bigwedge_{x \in X} p(x)\text{''}$$
と見なせる. ここで, 右辺は, 「$x \in X$ のすべてにわたって "$\wedge$ をとったもの"」(" "をつけたのは, ここではちゃんと定義されていないからである) を表しているものとする.

例題 2.2.5 例 2.1.3 において, 以下の命題(あるいは命題関数)の真理値はどうなるか答えよ.
(1) (a) において, x がフランス人全体の集合を動くときの $\forall x\ p(x)$
(2) (a) において, x が保母さんの全体の集合を動くときの $\forall x\ p(x)$
(3) (b) において, x が実数全体の集合 $\mathbb{R}$ を動くときの $\forall x\ p(x)$
(4) (b) において, $X = \{-1\}$ として, x が X を動くときの $\forall x\ p(x)$

解答例
(1) フランス人は女性とは限らないので, 命題 $\forall x\ p(x)$ の真理値は 0 である.
(2) 保母さんはすべて女性なので[**], 命題 $\forall x\ p(x)$ の真理値は 1 である.
(3) $x = -1$ のとき以外は成り立たないから, 命題 $\forall x\ p(x)$ の真理値は 0 である.
(4) X は 成り立つ場合の -1 しか要素にないから[†], 命題 $\forall x\ p(x)$ の真理値は 1 である.

注意 2.2.6 $\forall x\ p(x)$ で, 変数 x を y に変えて, $\forall y\ p(y)$ としても全く同じ命題である. 命題関数 $p(x)$ の定義域 (x の動きうる範囲) を明示して, 例え

---

[*] 「すべての $x \in \{a_1, a_2, \cdots, a_n\}$ について, $p(x)$ である」というのは, 「$p(a_1)$ であり, かつ, $p(a_2)$ であり, かつ, $\cdots$, かつ, $p(a_n)$ である」ということに他ならない.

[**] この職業には, もちろん男性もいますが, 男の場合は「保父さん」です.

[†] まことに, 取って付けたような例であります. 大変申し訳ありません.

ば $\forall x \in X\ p(x)$ と書くと，これは $\forall y \in X\ p(y)$ と書いても，$\forall t \in X\ p(t)$ と書いても同じであることは納得いくであろう．これはちょうど，定積分が積分変数に影響されず，例えば
$$\int_0^1 f(x)dx = \int_0^1 f(y)dy$$
であるのと同じ理由である．

注意 2.2.7 実際の記述では，$\forall x \in X\ p(x)$ のことを
$$p(x) \quad (\forall x \in X)$$
あるいは
$$p(x) \quad \text{for} \quad \forall x \in X$$
と書くことも多い．さらには，"$\forall$" すら省略して，
$$p(x) \quad (x \in X)$$
と書いたりすることもあるので，注意が必要である．このような場合は，**前後の文脈から判断するより他に方法はない．**

はちべぇ：「『前後の文脈から』って言ったって…．」
くまさん：「そうなんだ．学生が混乱する大きな要因の1つなんだよね．慣れてくれば，どうってことないんだが[*]．」
はちべぇ：「で，そういうときはどうすれば良いの？」
くまさん：「努力と経験．」
はちべぇ：「それでもダメだったら？」
くまさん：「さらなる努力と経験．」
はちべぇ：「それでもまだダメだったら？」
くまさん：「より一層の努力と経験．」
はちべぇ：「それでもやっぱりダメだったら？」
くまさん：「迷わず成仏してください[**]．」

---

[*] 「**使用頻度が増えると，簡略化が進む**」というのは，世の中の一般的法則です．慣れてくると，たいしたことがないことでも，初学者にとっては，面食らうことがあります．そういうときは，**あいまいにせず**，すぐに対処することが重要です．

[**] というのは冗談です．それでもわからなければ，弥勒菩薩（みろくぼさつ），じゃなくて，**よく知っている人**に聞いてみましょう．

2.2 全称命題

> **注意 2.2.8** X が
> $$X = \{x; \ x \text{ は "条件" を満たす}\}$$
> という形に書いているとき,
> $$\forall x \in X \ p(x) \quad \text{のことを} \quad \forall x \ (\text{条件}) \ p(x) \quad \text{と略記する}$$
> ことも多い. 例えば,
> $$X = \{x \in \mathbb{R}; x > 0\}$$
> のとき
> $$\forall x \ (x \in \mathbb{R}, x > 0) \ p(x)$$
> あるいは, ($x > 0$ という条件から明らかだから) $x \in \mathbb{R}$ を省略して,
> $$\forall x \ (x > 0) \ p(x)$$
> あるいは,
> $$\forall x > 0 \quad p(x)$$
> と書いたりすることも多い. このあたり, 他にも簡略化の仕方があり, 柔軟な対応が必要となる.

> **定理 2.2.9** 命題関数 $p(x)$ と, 変数 x の動く範囲の集合 X があるとする. このとき, $a \in X$ に対して, 次が成り立つ.
> $$\forall x \ p(x) \Rightarrow p(a)$$

はちべぇ:「『すべての x について $p(x)$』なら, $p(a)$ も, もちろん導かれるよね. 上の定理 2.2.9 は, **意味を考えると, ほとんど明らかじゃない?**」

くまさん:「まぁ, 手始めはこんなところかな. でも, **記号どうしの単なる演算と考えて, 公理系から証明していくとなると, なかなかヤッカイ**なことになるんだよ.」

そこで, ちょっと一言.

> **大いなる弁解**
> この章の定理については, 変数の動く範囲の集合が, 有限個の要素からなる場合**のみ**証明して, **お茶をにごす**ことになります. これにもの足りず, 一般の集合 X について証明をしたい人は, 「**公理**」や「**推論規則**」[*]をあらかじめ定め, それに基づ

いて議論する必要があります．本格的な数理論理学の本を読んでください．

定理 2.2.9 の "証明"[**]　　上記の "弁解" の通り，X が有限個の要素からなるという仮定，すなわち，

$$X = \{a_1, a_2, \cdots, a_n\}$$

と表されるという仮定のもとで証明する．このとき，

$$(*) \quad \forall x\, p(x) \equiv p(a_1) \wedge \cdots \wedge p(a_n)$$

である．また，a は $a_1, \cdots, a_n$ のうちのどれかである．$a = a_1$ としてよい[†]．定理を証明するためには，命題 $\forall x\, p(x) \to p(a)$ の真理値が 1，すなわち，恒真命題であることを言えばよい．(注意 1.10.3 参照．)

$$
\begin{aligned}
(\forall x\, p(x) \to p(a)) &\stackrel{(*)}{\equiv} \{(p(a_1) \wedge \cdots \wedge p(a_n)) \to p(a_1)\} \\
&\stackrel{\text{"$\to$"の定義}}{\equiv} \overline{(p(a_1) \wedge \cdots \wedge p(a_n))} \vee p(a_1) \\
&\stackrel{\text{ド・モルガンの法則}}{\equiv} (\overline{p(a_1)} \vee \cdots \vee \overline{p(a_n)}) \vee p(a_1) \\
&\stackrel{\substack{\text{結合律，交換律の}\\\text{繰り返しの使用}}}{\equiv} (p(a_1) \vee \overline{p(a_1)}) \vee (\overline{p(a_2)} \vee \cdots \vee \overline{p(a_n)}) \\
&\stackrel{\text{排中律}}{\equiv} \mathrm{I} \vee (\overline{p(a_2)} \vee \cdots \vee \overline{p(a_n)}) \\
&\stackrel{\substack{\text{恒真命題の性質}\\(\text{定理 } 1.7.3(1))}}{\equiv} \mathrm{I}
\end{aligned}
$$

以上で，$(\forall x\, p(x) \to p(a)) \equiv \mathrm{I}$，すなわち，$\forall x\, p(x) \Rightarrow p(a)$ であることが示された．□

---

[*]　(前ページ)「ある命題から他の命題を導くルールを定めたもの」を「**推論規則**」と呼びます．

[**]　上記の「弁解」の理由により，「有限個の要素からなる」という仮定のもとでの証明にはすべて，"証明" と引用符が打ってあります．ちなみに，哲学者大森荘蔵の言葉に「**神的な知性にとっては，論理的であることは冗長であることである**」というのがあります (大森荘蔵「流れとよどみ」(産業図書)，48 ページ)．定理か定理でないか，正しいか正しくないかは，全知全能の神ならば一瞬に見て取れるのですが，悲しいかな，われわれ人間は一つ一つ段階を踏んで，**論理的に確かめていく**「証明」というものが必要となります．

[†]　そう仮定して良いのは，他の a_j のときでも，交換律を用いて，a_1 と a_j の立場を入れ替えることができて，a_1 の場合に帰着できるからです．このような場合は，「$a = a_1$ **と仮定しても，一般性を失わない**」という便利な言い回しがあります．

2.2 全称命題

定理 2.2.10 命題関数 $p(x), q(x)$ $(x \in X)$ に対して，次が成り立つ．
(1) $\forall x\, p(x) \land \forall x\, q(x) \equiv \forall x\, (p(x) \land q(x))$
(2) $\forall x\, p(x) \lor \forall x\, q(x) \Rightarrow \forall x\, (p(x) \lor q(x))$

注意 2.2.11 上記の定理 2.2.10 の (2) は，同値ではない，すなわち，
$(*)$ $\qquad \forall x\, (p(x) \lor q(x)) \Rightarrow \forall x\, p(x) \lor \forall x\, q(x)$
は**成り立たない**．

> 成り立たない例[*] x が，人間全体の集合を動くとき，
> $$p(x) : x は男である$$
> $$q(x) : x は女である$$
> とおくと，$\forall x\, (p(x) \lor q(x))$ は，
>   すべての人間は，男か女である
> という，**当たり前のことを言っている**のに対し，$\forall x\, p(x) \lor \forall x\, q(x)$ は，
>   すべての人間は男であるか，あるいは，すべての人間は女である
> となり，**世の中は男ばかりか，女ばかりだ**という，なんとも**つまらない**世の中を示している．当たり前のことから，このような奇妙なことが導かれるわけがない．したがって，$(*)$ は一般には成り立たない．

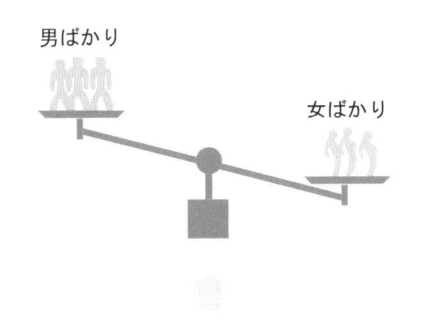

男ばかり　　女ばかり

はかりに
かける

---

[*] このように，ある命題 (主張) が成り立たないことを示す具体例のことを，その命題の**反例**と呼ぶ．

定理 2.2.10 の "証明"　X が有限個の要素からなるという仮定，すなわち，

$$X = \{a_1, a_2, \cdots, a_n\}$$

と表されるという仮定のもとで証明する．

(1)

$$\forall x\ p(x) \land \forall x\ q(x) \stackrel{\text{注意 2.2.4}}{\equiv} (p(a_1) \land \cdots \land p(a_n)) \land (q(a_1) \land \cdots \land q(a_n))$$

$$\stackrel{\substack{\text{結合律，交換律の}\\\text{繰り返しの使用}}}{\equiv} (p(a_1) \land q(a_1)) \land \cdots \land (p(a_n) \land q(a_n))$$

$$\stackrel{\text{注意 2.2.4}}{\equiv} \forall x\ (p(x) \land q(x))$$

(2)

$$\forall x\ p(x) \lor \forall x\ q(x) \stackrel{\text{注意 2.2.4}}{\equiv} (p(a_1) \land \cdots \land p(a_n)) \lor (q(a_1) \land \cdots \land q(a_n))$$

$$\stackrel{\substack{\text{分配律の}\\\text{繰り返しの使用}}}{\equiv} ((p(a_1) \land \cdots \land p(a_n)) \lor q(a_1))$$
$$\land \cdots \land ((p(a_1) \land \cdots \land p(a_n)) \lor q(a_n))$$

$$\stackrel{\substack{\text{分配律の}\\\text{繰り返しの使用}}}{\equiv} ((p(a_1) \lor q(a_1)) \land \cdots \land (p(a_n) \lor q(a_1)))$$
$$\land \cdots \land ((p(a_1) \lor q(a_n)) \land \cdots \land (p(a_n) \lor q(a_n)))$$

$$\stackrel{\substack{\text{交換律の}\\\text{繰り返しの使用}}}{\equiv} ((p(a_1) \lor q(a_1)) \land \cdots \land (p(a_n) \lor q(a_n))) \land\ R$$
（ただし，この第 1 項以外の残りの部分を R とおいた）

$$\stackrel{\text{定理 1.10.6(1)}}{\Rightarrow} (p(a_1) \lor q(a_1)) \land \cdots \land (p(a_n) \lor q(a_n))$$

$$\stackrel{\text{注意 2.2.4}}{\equiv} \forall x\ (p(x) \lor q(x))\ \square$$

2.3　全称命題関数

前節では，1 変数の命題関数 $p(x)$ に対して全称命題 $\forall x\ p(x)$ を定義したが，一般の n 変数の命題関数についても，同様に定義できる．

定義 2.3.1 (全称命題関数)　n 変数命題関数 $p(x_1, \cdots, x_n)$ に対して

2.3 全称命題関数

すべての $x_i \in X_i$ について $p(x_1, \cdots, x_i, \cdots, x_n)$ である

という $n-1$ 変数命題関数（変数は x_i 以外の $(n-1)$ 変数）を

$$\forall x_i \in X_i \ p(x_1, \cdots, x_n) \qquad (\forall x_i \in X_i \ p(x_1, \cdots, x_i, \cdots, x_n))$$

あるいは

$$\forall x_i \ p(x_1, \cdots, x_n) \qquad (\forall x_i \ p(x_1, \cdots, x_i, \cdots, x_n))$$

と書き，**全称命題関数**という．

注意 2.3.2 例えば，2 変数の命題関数 $p(x,y)$ に対して，$\forall y \ p(x,y)$ が x についての 1 変数の命題関数になるのは，ちょうど，2 変数関数 $f(x,y)$ に対して

$$\int_0^1 f(x,y) dy$$

が，x についての 1 変数関数であるのと事情は似ている．n 変数についても同様である．

---

n 変数命題関数 $p(x_1, \cdots, x_n)$ に対して $\forall x_i \ p(x_1, \cdots, x_n)$ を考えたとき，変数 x_i と異なる変数 x_j について，さらに，

$$\forall x_j \ (\forall x_i \ p(x_1, \cdots, x_i, \cdots, x_j, \cdots, x_n))$$

が考えられる．これを括弧を省略して

$$\forall x_j \ \forall x_i \ p(x_1, \cdots, x_n) \quad (\forall x_j \ \forall x_i \ p(x_1, \cdots, x_i, \cdots, x_j, \cdots, x_n))$$

あるいは x_i と x_j の動く範囲を明確にして

$$\forall x_j \in X_j \ \forall x_i \in X_i \ p(x_1, \cdots, x_n)$$
$$(\forall x_j \in X_j \ \forall x_i \in X_i \ p(x_1, \cdots, x_i, \cdots, x_j, \cdots, x_n))$$

と書く．同様にして

$$\forall x_k \ \forall x_j \ \forall x_i \ p(x_1, \cdots, x_n)$$
$$\forall x_l \ \forall x_k \ \forall x_j \ \forall x_i \ p(x_1, \cdots, x_n)$$
$$\vdots$$

などを考えることができる．

例題 2.3.3 例 2.1.3 の (c) の $p(x,y)$ について,
x が,このクラスの男子学生全体の集合を動き,
y が,このクラスの女子学生全体の集合を動く
としたときの,
$$\forall x \ p(x,y)$$
$$\forall y \ p(x,y)$$
$$\forall x \ \forall y \ p(x,y)$$
は,それぞれどういう命題かを答えよ.

解答例

$\forall x \ p(x,y)$: このクラスのすべての男子学生と y さんは友人である.
$\forall y \ p(x,y)$: x 君と,このクラスのすべての女子学生は友人である.
$\forall x \ \forall y \ p(x,y)$: このクラスのすべての男子学生と,このクラスのすべての女子学生は友人である.

定理 2.3.4 命題関数 $p(x,y)$ に対して
$$\forall x \ \forall y \ p(x,y) \ \equiv \ \forall y \ \forall x \ p(x,y)$$

"証明" x の動く範囲 X, y の動く範囲 Y が,どちらも有限個の要素からなるとき,すなわち

$$X = \{a_1, \cdots, a_m\}$$
$$Y = \{b_1, \cdots, b_n\}$$

と表される場合を示す.

$\forall x \ \forall y \ p(x,y)$
$\overset{\text{注意 2.2.4}}{\equiv} \quad \forall x \ (p(x,b_1) \wedge \cdots \wedge p(x,b_n))$
$\overset{\text{注意 2.2.4}}{\equiv} \quad (p(a_1,b_1) \wedge \cdots \wedge p(a_1,b_n)) \wedge \cdots \wedge (p(a_m,b_1) \wedge \cdots \wedge p(a_m,b_n))$
$\overset{\text{結合律,交換律の}}{\underset{\text{繰り返しの使用}}{\equiv}} \quad (p(a_1,b_1) \wedge \cdots \wedge p(a_m,b_1)) \wedge \cdots \wedge (p(a_1,b_n) \wedge \cdots \wedge p(a_m,b_n))$

2.3 全称命題関数

$$\overset{\text{注意 2.2.4}}{\equiv} \quad \forall y \ (p(a_1, y) \land \cdots \land p(a_m, y))$$

$$\overset{\text{注意 2.2.4}}{\equiv} \quad \forall y \ \forall x \ p(x, y) \qquad \square$$

くまさん:「以上で, 全称作用素どうしは順序を交換しても良いことがわかった. 標語的に書くと

$$\forall x \ \forall y \ \equiv \forall y \ \forall x$$

ということだ.」

はちべぇ:「なんとなくわかったような気はするけど….」

くまさん:「視覚的に書いてみよう. まず, (x, y) のすべての組み合わせ全体 (第3章の「集合」の言葉でいうと, X と Y の直積集合 $X \times Y$ のこと. 定義 3.1.30 を参照) を図で表すと

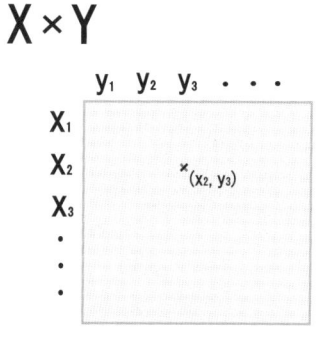

X × Y

	y₁	y₂	y₃	...
x₁				
x₂			×(x₂, y₃)	
x₃				
⋮				

だ.」

はちべぇ:「うん.」

くまさん:「$\forall x \ \forall y$ というのは,『すべての y について動いたものが, さらに, すべての x について動く』ということで*, 横方向に動いていくことを縦方向に繰り返していくわけだ. これを図で書くと

---

* 定義から, $\forall x \ \forall y \ p(x, y) = \forall x \ (\forall y \ p(x, y))$ であるので, 全称作用素は, 内側から順番に (すなわち, $\forall y \to \forall x$ の順に) 作用していることに注意.

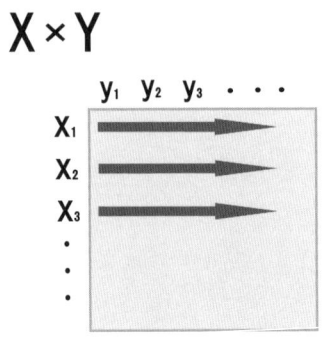

図 2.1 じゅうたん爆撃（その 1）

となる.」

はちべぇ：「確かに.」

くまさん：「一方，$\forall y \, \forall x$ というのは，x と y の役割が入れ替わって，『すべての x について動いたものが，さらに，すべての y について動く』わけで，図示すると

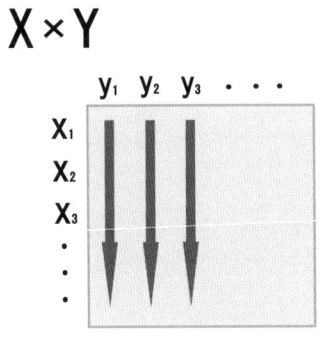

図 2.2 じゅうたん爆撃（その 2）

となるが，図 2.1 も図 2.2 もどちらも，$X \times Y$ 全体を網羅していることに変わりはない．したがって，$\forall x \, \forall y \; \equiv \; \forall y \, \forall x$ というわけだ.」

全滅です…

2.3 全称命題関数

注意 2.3.5 上の定理 2.3.4 は 2 変数の命題関数に対するものであるが，一般の n 変数命題関数についても
$$\forall x_i \ \forall x_j \ p(x_1, \cdots, x_n) \equiv \forall x_j \ \forall x_i \ p(x_1, \cdots, x_n)$$
が成り立つ．

注意 2.3.6 "$\forall x \ \forall y \equiv \forall y \ \forall x$" であることをふまえて，"$\forall x \ \forall y$" のことを "$\forall x, y$" と略記する場合もある．これは "$\forall (x,y)$"，すなわち，「すべての x, y の組について」と理解しておくと良いかもしれない．

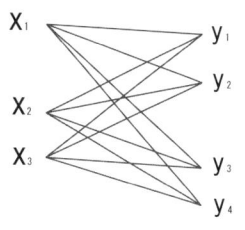

例題 2.3.7
$$x \text{ は，負の実数全体を動き，}$$
$$y \text{ は，正の実数全体を動く}$$
とし，
$$p(x, y) : x < y \text{ である}$$
であるとき，
$$\forall x \ \forall y \ p(x, y) \quad \text{および} \quad \forall y \ \forall x \ p(x, y)$$
は，それぞれどういう命題かを答えよ．

解答例

$\forall x \ \forall y \ p(x, y)$：
　すべての負の実数 x と，すべての正の実数 y について，$x < y$ である．
$\forall y \ \forall x \ p(x, y)$：
　すべての正の実数 y と，すべての負の実数 x について，$x < y$ である．

2.4 存在命題

定義 2.4.1 (存在命題) （1 変数の）命題関数 $p(x)$ に対して
$$\text{ある } x \in X \text{ について } p(x) \text{ である}$$
という命題のことを
$$\exists x \in X \; p(x) \quad \text{あるいは} \quad \exists x \; p(x)$$
と書き，**存在命題**[*]という．

注意 2.4.2 "$\exists$" という記号は，「exist（存在する）」の頭文字の E を逆さにしたもので**存在記号**と呼ばれる．"$\exists x$" は，「ある x について」と読む．また，全称作用素 $\forall x$ と同様に，$\exists x$ を**存在作用素**と呼ぶこともある．

注意 2.4.3 $\exists x \; p(x)$ は，
$$\text{ある } x \text{ があって } p(x) \text{ である．}$$
あるいは，
$$\text{ある } x \text{ が存在して } p(x) \text{ である．}$$
と言っても良いし，場合によっては
$$p(x) \text{ となる } x \text{ が存在する．}$$
という言い方もする．要するに，表す内容が同じであれば，表現の仕方にこだわらなくて良い．

UFOの存在

「あるUFOがあって・・・」

---

[*] 「全称命題」という名称に呼応して，「存在命題」のことを，「**特称命題**」と呼ぶ人もいます．この場合，以下に述べる「存在記号」，「存在作用素」などもそれぞれ，「特称記号」，「特称作用素」と呼んでいます．もっとも，「存在」も「特称」も "existential" の訳ですが．

注意 2.4.4 X が有限個の要素からなるとき,すなわち,$X = \{a_1, a_2, \cdots, a_n\}$ のときは
$$\exists x \in X \; p(x) = p(a_1) \lor p(a_2) \lor \cdots \lor p(a_n)$$
である*.これをふまえると,注意 2.2.4 におけるのと同様に,一般の集合 X に対しても
$$\exists x \in X \; p(x) = \text{``} \bigvee_{x \in X} p(x) \text{''}$$
と見なせる.ここで,右辺は,「$x \in X$ のすべてにわたって "$\lor$ をとったもの"」を表しているものとする.

例題 2.4.5 例 2.1.3 において,以下の命題(あるいは命題関数)の真理値はどうなるか答えよ.
 (1) (a) において,x がアメリカ人全体の集合を動くときの $\exists x \; p(x)$
 (2) (a) において,x が幼稚園の先生の全体の集合を動くときの $\exists x \; p(x)$
 (3) (b) において,x が実数全体の集合 $\mathbb{R}$ を動くときの $\exists x \; p(x)$
 (4) (b) において,x が自然数全体の集合 $\mathbb{N}$ を動くときの $\exists x \; p(x)$

解答例
 (1) アメリカ人の中に少なくとも 1 人は女の人がいるから,命題 $\exists x \; p(x)$ の真理値は 1 である.
 (2) 幼稚園の先生の中にも,少なくとも 1 人は女の人がいるから,命題 $\exists x \; p(x)$ の真理値は 1 である.
 (3) $x = -1$ のとき成り立つから,命題 $\exists x \; p(x)$ の真理値は 1 である.
 (4) 自然数 x に対しては,$x + 2 = 1$ を満たすものがないから,命題 $\exists x \; p(x)$ の真理値は 0 である.

注意 2.4.6 $\forall x \; p(x)$ のときと同様に,$\exists x \; p(x)$ で,変数 x を y に変えて,$\exists y \; p(y)$ としても全く同じ命題である.

---

* 「ある $x \in \{a_1, a_2, \cdots, a_n\}$ について,$p(x)$ である」というのは,「$p(a_1)$ であるか,または,$p(a_2)$ であるか,または,$\cdots$,または,$p(a_n)$ である」ということに他ならない.

注意 2.4.7 実際の記述では，$\exists x \in X \; p(x)$ のことを
$$p(x) \quad (\exists x \in X)$$
あるいは
$$p(x) \quad \text{for} \quad \exists x \in X$$
と書くことも多い．さらには，$\exists$ すら省略して，
$$(*) \qquad p(x) \quad (x \in X)$$
と書いたりすることもあるので，注意が必要である．注意 2.2.7 でも述べたように，$\forall x \in X \; p(x)$ も $(*)$ で表すことがあるので，$(*)$ のような表現が出てきたときは，それが**「任意」**なのか，**「ある」**なのかを見きわめる必要がある．

くまさん：「『見きわめる』には，やはり内容がわかっていないと，どうしようもない．」
はちべぇ：「正攻法しかないわけか．」

見きわめがかんじん

注意 2.4.8 注意 2.2.8 で述べた $\forall x$ の場合と同様に，満たすべき条件を加えて略記することもある．例えば，"$x > 0$" という条件なら，
$$\exists x \; (x > 0) \; p(x) \quad \text{とか} \quad \exists x > 0 \; p(x)$$
などと書く．このあたり，他にも簡略化の仕方があるので，柔軟な対応が必要となる．

定理 2.4.9 命題関数 $p(x)$ と変数 x の動く範囲の集合 X があるとする．このとき，$a \in X$ に対して，次が成り立つ．
$$p(a) \Rightarrow \exists x \; p(x)$$

"証明" いつものように，X が有限個の要素からなるという仮定，すなわち，

$$X = \{a_1, a_2, \cdots, a_n\}$$

と表されるという仮定のもとで証明する．このとき，

(*) $\qquad\qquad\qquad \exists x\ p(x) \equiv p(a_1) \vee \cdots \vee p(a_n)$

である．また，a は $a_1, \cdots, a_n$ のうちのどれかである．$a = a_1$ として良い．定理を証明するためには，命題 $p(a) \to \exists x\ p(x)$ の真理値が 1，すなわち，恒真命題であることを言えば良い．

$$\begin{aligned}
(p(a) \to \exists x\ p(x)) &\stackrel{(*)}{\equiv} \{p(a_1) \to (p(a_1) \vee \cdots \vee p(a_n))\} \\
&\stackrel{\text{"}\to\text{"の定義}}{\equiv} \overline{p(a_1)} \vee (p(a_1) \vee \cdots \vee p(a_n)) \\
&\stackrel{\substack{\text{結合律，交換律の}\\\text{繰り返しの使用}}}{\equiv} (p(a_1) \vee \overline{p(a_1)}) \vee (p(a_2) \vee \cdots \vee p(a_n)) \\
&\stackrel{\text{排中律}}{\equiv} \mathrm{I} \vee (p(a_2) \vee \cdots \vee p(a_n)) \\
&\stackrel{\substack{\text{恒真命題の性質}\\(\text{定理 }1.7.3(1))}}{\equiv} \mathrm{I}
\end{aligned}$$

以上で，$(p(a) \to \exists x\ p(x)) \equiv \mathrm{I}$，すなわち，$p(a) \Rightarrow \exists x\ p(x)$ であることが示された． □

定理 2.4.10 命題関数 $p(x), q(x)\ (x \in X)$ に対して，次が成り立つ．
(1) $\exists x\ (p(x) \vee q(x)) \equiv \exists x\ p(x) \vee \exists x\ q(x)$
(2) $\exists x\ (p(x) \wedge q(x)) \Rightarrow \exists x\ p(x) \wedge \exists x\ q(x)$

注意 2.4.11 記の定理 2.4.10 の (2) は，同値ではない，すなわち，
(*) $\qquad\qquad \exists x\ p(x) \wedge \exists x\ q(x) \Rightarrow \exists x\ (p(x) \wedge q(x))$
は成り立たない．

成り立たない例 x が，人間全体の集合を動くとき，

$$p(x): x \text{ は男である}$$
$$q(x): x \text{ は女である}$$

とおくと，$\exists x\ p(x) \wedge \exists x\ q(x)$ は，

> ある人間は男であり，そして，ある人間は女である
>
> という，当たり前のことを言っているのに対し，$\exists x\ (p(x) \wedge q(x))$ の方は，
>
> > ある人間は，男でもあり，女でもある
>
> という，「あなたはカタツムリ？ それとも宇宙人？」と質問したくなるような奇怪な状況を呈している．当たり前のことから，このような変なことが導かれるわけがないので，(∗) は一般には成り立たない．

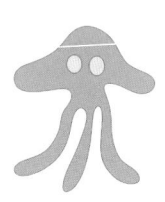

定理 2.4.10 の"証明" 　いつものように，X が有限個の要素からなるという仮定，すなわち，
$$X = \{a_1, a_2, \cdots, a_n\}$$
と表されるという仮定のもとで証明する．

(1)
$$\exists x\ (p(x) \vee q(x)) \underset{\text{注意 2.4.4}}{\equiv} (p(a_1) \vee q(a_1)) \vee \cdots \vee (p(a_n) \vee q(a_n))$$
$$\underset{\substack{\text{結合律，交換律の}\\\text{繰り返しの使用}}}{\equiv} (p(a_1) \vee \cdots \vee p(a_n)) \vee (q(a_1) \vee \cdots \vee q(a_n))$$
$$\underset{\text{注意 2.4.4}}{\equiv} \exists x\ p(x) \vee \exists x\ q(x)$$

(2)
$$\exists x\ (p(x) \wedge q(x))$$
$$\underset{\text{注意 2.4.4}}{\equiv} (p(a_1) \wedge q(a_1)) \vee (p(a_2) \wedge q(a_2)) \vee \cdots \vee (p(a_n) \wedge q(a_n))$$
$$\underset{\text{分配律}}{\equiv} \{p(a_1) \vee (p(a_2) \wedge q(a_2)) \vee \cdots \vee (p(a_n) \wedge q(a_n))\}$$
$$\wedge \{q(a_1) \vee\ (p(a_2) \wedge q(a_2)) \vee \cdots \vee (p(a_n) \wedge q(a_n))\}$$
$$\underset{\substack{\text{定理 1.10.6 (1) と}\\\text{定理 1.10.8 (2), (3) と}\\\text{定理 1.10.9 の}\\\text{繰り返しの使用}}}{\Rightarrow} (p(a_1) \vee \cdots \vee p(a_n)) \wedge (q(a_1) \vee \cdots \vee q(a_n))$$

$$\overset{注意\ 2.4.4}{\equiv} \exists x\ p(x) \wedge \exists x\ q(x) \qquad \square$$

2.5　存在命題関数

前節では，1 変数の命題関数 $p(x)$ に対して存在命題 $\exists x\ p(x)$ を定義したが，一般の n 変数の命題関数についても，同様に定義できる．

定義 2.5.1 (存在命題関数)　n 変数命題関数 $p(x_1, \cdots, x_n)$ に対して
　　　ある $x_i \in X_i$ について $p(x_1, \cdots, x_i, \cdots, x_n)$ である
という $n-1$ 変数命題関数（変数は x_i 以外の $(n-1)$ 変数）を
　　　$\exists x_i \in X_i\ p(x_1, \cdots, x_n) \quad (\exists x_i \in X_i\ p(x_1, \cdots, x_i, \cdots, x_n))$
あるいは
　　　$\exists x_i\ p(x_1, \cdots, x_n) \quad (\exists x_i\ p(x_1, \cdots, x_i, \cdots, x_n))$
と書き，**存在命題関数**という．

注意 2.5.2　注意 2.3.2 と同様に，2 変数の命題関数 $p(x, y)$ に対して，$\exists y\ p(x, y)$ が x についての 1 変数の命題関数になるのは，ちょうど，2 変数関数 $f(x, y)$ に対して

$$\int_0^1 f(x, y) dy$$

が，x についての 1 変数関数であるのと事情は似ている．n 変数についても同様である．

---

n 変数命題関数 $p(x_1, \cdots, x_n)$ に対して $\exists x_i\ p(x_1, \cdots, x_n)$ を考えたとき，さら

に x_i と異なる変数 x_j について

$$\exists x_j\,(\exists x_i\ p(x_1,\cdots,x_i,\cdots,x_j,\cdots,x_n))$$

が考えられる．これを括弧を省略して

$$\exists x_j\ \exists x_i\ p(x_1,\cdots,x_n) \quad (\exists x_j\ \exists x_i\ p(x_1,\cdots,x_i,\cdots,x_j,\cdots,x_n))$$

あるいは x_i と x_j の動く範囲を明確にして

$$\exists x_j \in X_j\ \exists x_i \in X_i\ p(x_1,\cdots,x_n)$$
$$(\exists x_j \in X_j\ \exists x_i \in X_i\ p(x_1,\cdots,x_i,\cdots,x_j,\cdots,x_n))$$

と書く．同様にして

$$\exists x_k\ \exists x_j\ \exists x_i\ p(x_1,\cdots,x_n)$$
$$\exists x_l\ \exists x_k\ \exists x_j\ \exists x_i\ p(x_1,\cdots,x_n)$$
$$\vdots$$

などを考えることができる．

例題 2.5.3 例 2.1.3 の (c) の $p(x,y)$ について，
$\qquad x$ が，このクラスの男子学生全体の集合を動き，
$\qquad y$ が，このクラスの女子学生全体の集合を動く
としたときの，
$$\exists x\ p(x,y)$$
$$\exists y\ p(x,y)$$
$$\exists x\ \exists y\ p(x,y)$$
は，それぞれどういう命題かを答えよ．

|解答例|

$\exists x\ p(x,y)$: 　　このクラスのある男子学生と y さんは友人である．
$\exists y\ p(x,y)$: 　　x 君と，このクラスのある女子学生は友人である．
$\exists x\ \exists y\ p(x,y)$: 　　このクラスのある男子学生と，このクラスのある女子学生
　　　　　　　　　　　は友人である．

2.5 存在命題関数

> **定理 2.5.4** 命題関数 $p(x,y)$ に対して
> $$\exists x\, \exists y\, p(x,y) \equiv \exists y\, \exists x\, p(x,y)$$

"**証明**" x の動く範囲 X, y の動く範囲 Y が, どちらも有限個の要素からなるとき, すなわち

$$X = \{a_1, \cdots, a_m\}$$
$$Y = \{b_1, \cdots, b_n\}$$

と表される場合を示す.

$\exists x\, \exists y\, p(x,y)$
$\stackrel{\text{注意 2.4.4}}{\equiv} \exists x\, (p(x,b_1) \vee \cdots \vee p(x,b_n))$
$\stackrel{\text{注意 2.4.4}}{\equiv} (p(a_1,b_1) \vee \cdots \vee p(a_1,b_n)) \vee \cdots \vee (p(a_m,b_1) \vee \cdots \vee p(a_m,b_n))$
$\stackrel{\text{結合律, 交換律の}}{\underset{\text{繰り返しの使用}}{\equiv}} (p(a_1,b_1) \vee \cdots \vee p(a_m,b_1)) \vee \cdots \vee (p(a_1,b_n) \vee \cdots \vee p(a_m,b_n))$
$\stackrel{\text{注意 2.4.4}}{\equiv} \exists y\, (p(a_1,y) \vee \cdots \vee p(a_m,y))$
$\stackrel{\text{注意 2.4.4}}{\equiv} \exists y\, \exists x\, p(x,y)\ \square$

全称作用素のときと同様に, 存在作用素どうしは順序を交換しても良いことがわかった. これも取り敢えず, 標語的に書いておこう.

$$\exists x\, \exists y\ \equiv\ \exists y\, \exists x$$

> **注意 2.5.5** 上の定理 2.5.4 は 2 変数の命題関数に対するものであるが, 一般の n 変数命題関数についても
> $$\exists x_i\, \exists x_j\, p(x_1, \cdots, x_n) \equiv \exists x_j\, \exists x_i\, p(x_1, \cdots, x_n)$$
> が成り立つ.

> **注意 2.5.6** "$\forall x\, \forall y$" のとき (注意 2.3.6) と同様に, "$\exists x\, \exists y\ \equiv\ \exists y\, \exists x$" であることをふまえて, "$\exists x\, \exists y$" のことを "$\exists x,y$" と略記する場合もある. こ

れは "∃(x,y)", すなわち, 「ある x,y の組について」と理解しておくと良いかもしれない.

例題 2.5.7

　　　　x は, このクラスの男子学生全体の集合を動き,
　　　　y は, このクラスの女子学生全体の集合を動く
とし,
　　　　$p(x,y)$: x と y は, 恋人どうしである
とするとき,
　　　　$\exists x \, \exists y \, p(x,y)$　　および　　$\exists y \, \exists x \, p(x,y)$
は, それぞれどういう命題かを答えよ.

|解答例|

$\exists x \, \exists y \, p(x,y)$:
　このクラスのある男子学生と, このクラスのある女子学生は, 恋人どうしである.

$\exists y \, \exists x \, p(x,y)$:
　このクラスのある女子学生と, このクラスのある男子学生は, 恋人どうしである.

2.6 全称と存在の順序

これまでは，全称記号 "∀" のみ，あるいは，存在記号 "∃" のみが現れる命題や命題関数を見てきた．この節では ∀ と ∃ が両方まざった命題や命題関数を扱う．

例 2.6.1 命題関数 $p(x, y)$ に対して，
 $\forall x \, \exists y \, p(x, y)$: すべての x について，ある y があって $p(x, y)$ である．
 $\exists y \, \forall x \, p(x, y)$: ある y があって，すべての x について $p(x, y)$ である．

注意 2.6.2 一般に
$$\forall x \, \exists y \, p(x, y) \not\equiv \exists y \, \forall x \, p(x, y)$$
である．

成り立たない例
 x は，このクラスの男子学生全体の集合を動き，
 y は，このクラスの女子学生全体の集合を動く
とし，
 $p(x, y)$: x と y は恋人どうしである
とする．このとき，$\forall x \, \exists y \, p(x, y)$ というのは，「すべての男子学生はある女子学生と恋人どうしである」，言いかえると，

このクラスの男には，みんなガールフレンドがいる

という幸せな状態を表しているのに対し，$\exists y \, \forall x \, p(x, y)$ というのは，「ある女子学生がいて，すべての男子学生と恋人どうしである」，すなわち，

このクラスには，女王様がいる

という，別の意味で幸せな状態を表現している．

はちべぇ：「『女王様』か．私も一度でいいから，お目にかかりたい．」

くまさん：「さてと，これまで見てきたように，∀ と ∀，あるいは，∃ と ∃ は，順序が交換できた．こんなふうにね．

$$\forall x\ \forall y \equiv \forall y\ \forall x$$
$$\exists x\ \exists y \equiv \exists y\ \exists x$$

しかし，∀ と ∃ とは，**順序を決して変えてはいけない**，すなわち，一般には，

$$\forall x\ \exists y\ \not\equiv\ \exists y\ \forall x$$

ということなんだ．」

はちべぇ：「『女王様』には，気をつけないといけないということだね．」

くまさん：「うん，あとが怖いからな．で，同値にはならないが，『女王様』から『幸せな男たち』の向きは真なんだ．」

はちべぇ：「そりゃそうだ．"女王様" がいるなら，男の立場から見ると，みんな "幸せ" なんだし．」

くまさん：「逆に，男たちが "幸せ" だとしても，相手がみんな違うのが普通で，"女王様" の存在は期待できんな．」

はちべぇ：「貴重な女王様か．」

くまさん：「成り立つ方向のものをちゃんと書くと，次の命題だ．」

定理 2.6.3　$\exists y\ \forall x\ p(x,y) \Rightarrow \forall x\ \exists y\ p(x,y)$

2.6 全称と存在の順序

"**証明**" いつものように, x の動く範囲 X, y の動く範囲 Y が, どちらも有限個の要素からなるとき, すなわち

$$X = \{a_1, \cdots, a_m\}$$
$$Y = \{b_1, \cdots, b_n\}$$

と表される場合を示す. まず,

$$q(y) = \forall x \ p(x, y) \equiv p(a_1, y) \land \cdots \land p(a_m, y)$$

とおく. このとき, 定理 1.10.6 (1) より, 任意の i, j に対して,

$(*) \qquad q(b_i) \equiv (p(a_1, b_i) \land \cdots \land p(a_m, b_i)) \Rightarrow p(a_j, b_i)$

であることに注意しておく.

$$\begin{aligned}
\exists y \ \forall x \ p(x, y) &\overset{q(y) \text{ の定義}}{\equiv} \exists y \ q(y) \\
&\overset{\text{注意 2.4.4}}{\equiv} q(b_1) \lor q(b_2) \lor \cdots \lor q(b_n) \\
&\overset{q(y) \text{ の定義}}{\equiv} (p(a_1, b_1) \land \cdots \land p(a_m, b_1)) \lor q(b_2) \lor \cdots \lor q(b_n) \\
&\overset{\substack{\text{分配律} \\ \text{の繰り返しの使用}}}{\equiv} (p(a_1, b_1) \lor q(b_2) \lor \cdots \lor q(b_n)) \\
&\qquad \land \cdots \land (p(a_m, b_1) \lor q(b_2) \lor \cdots \lor q(b_n)) \\
&\overset{\substack{(*) \text{ と定理 } 1.10.8(2),(3) \\ \text{の繰り返しの使用}}}{\Rightarrow} (p(a_1, b_1) \lor p(a_1, b_2) \lor \cdots \lor p(a_1, b_n)) \\
&\qquad \land \cdots \land (p(a_m, b_1) \lor p(a_m, b_2) \lor \cdots \lor p(a_m, b_n)) \\
&\overset{\text{注意 2.4.4}}{\equiv} \exists y \ p(a_1, y) \land \cdots \land \exists y \ p(a_m, y) \\
&\overset{\text{注意 2.2.4}}{\equiv} \forall x \ \exists y \ p(x, y)
\end{aligned}$$

以上で, $\exists y \ \forall x \ p(x, y) \Rightarrow \forall x \ \exists y \ p(x, y)$ の証明が終わった. □

2.7　全称・存在の否定

この節では $\forall$ や $\exists$ を含む命題の否定について考えてみよう．

定理 2.7.1 (ド・モルガンの法則)　命題関数 $p(x)$ に対して，次が成り立つ．
(1)　$\overline{\forall x\ p(x)} \equiv \exists x\ \overline{p(x)}$
(2)　$\overline{\exists x\ p(x)} \equiv \forall x\ \overline{p(x)}$ *

証明　いつものように，X が有限個の要素からなるという仮定，すなわち，

$$X = \{a_1, a_2, \cdots, a_n\}$$

と表されるという仮定のもとで証明する．
(1)

$$\overline{\forall x\ p(x)} \stackrel{\text{注意 2.2.4}}{\equiv} \overline{p(a_1) \wedge \cdots \wedge p(a_k)}$$
$$\stackrel{\substack{\text{定理 1.6.1(1)} \\ \text{繰り返しの使用}}}{\equiv} \overline{p(a_1)} \vee \cdots \vee \overline{p(a_k)}$$
$$\stackrel{\text{注意 2.4.4}}{\equiv} \exists x\ \overline{p(x)}$$

(2)

$$\overline{\exists x\ p(x)} \stackrel{\text{注意 2.4.4}}{\equiv} \overline{p(a_1) \vee \cdots \vee p(a_k)}$$
$$\stackrel{\substack{\text{定理 1.6.1(2)} \\ \text{繰り返しの使用}}}{\equiv} \overline{p(a_1)} \wedge \cdots \wedge \overline{p(a_k)}$$
$$\stackrel{\text{注意 2.2.4}}{\equiv} \forall x\ \overline{p(x)}\ \square$$

---

* 言葉で書くと，

$\overline{\forall x\ p(x)}$ ：　すべての x について $p(x)$ であるわけではない
　　　　　　　　　（「すべての x について $p(x)$ である」ではない）
$\forall x\ \overline{p(x)}$ ：　すべての x について $p(x)$ でない

となり，俗に，$\overline{\forall x\ p(x)}$ は「**部分否定**」，$\forall x\ \overline{p(x)}$ は「**全体否定**」と呼ばれているものに他ならない．

注意 2.7.2（「ド・モルガンの法則」と呼ぶ理由） 注意 2.2.4 および注意 2.4.4 で述べたように，形式的に

$$\forall x \in X \ p(x) = \text{``} \bigwedge_{x \in X} p(x) \text{''}$$

$$\exists x \in X \ p(x) = \text{``} \bigvee_{x \in X} p(x) \text{''}$$

であると見なせば，上の定理 2.7.1 は，

(1) $\overline{\bigwedge_{x \in X} p(x)} \equiv \bigvee_{x \in X} \overline{p(x)}$

(2) $\overline{\bigvee_{x \in X} p(x)} \equiv \bigwedge_{x \in X} \overline{p(x)}$

となり，以前に出て来たド・モルガンの法則 (定理 1.6.1 および注意 1.6.4 を参照) の "一般形" と見なすことができる．

注意 2.7.3 変数が 2 つ以上ある命題関数 $p(x_1, \cdots, x_n)$ に対しても，各変数 x_i について

$$\overline{\forall x_i \ p(x_1, \cdots, x_n)} \equiv \exists x_i \ \overline{p(x_1, \cdots, x_n)}$$

$$\overline{\exists x_i \ p(x_1, \cdots, x_n)} \equiv \forall x_i \ \overline{p(x_1, \cdots, x_n)}$$

が成り立つ．

例題 2.7.4 命題関数

$$p(x, y) : \quad x \leq y \text{ である } (x, y \in \mathbb{R})$$

に対して，4 つの式 $\overline{\forall x \ p(x,y)}$, $\exists x \ \overline{p(x,y)}$, $\overline{\exists x \ p(x,y)}$, $\forall x \ \overline{p(x,y)}$ はどのような命題になるか答え，命題関数 $p(x, y)$ に対しても，定理 2.7.1 が成り立つことを確かめよ．

解答例

求める命題関数はそれぞれ

$\overline{\forall x \ p(x,y)}$: 「すべての実数 x について，$x \leq y$ である」ではない．

$\exists x \ \overline{p(x,y)}$: ある実数 x について，$x > y$ である．

$\overline{\exists x \ p(x,y)}$: 「ある実数 x について，$x \leq y$ である」ではない．

$\forall x \ \overline{p(x,y)}$: すべての実数 x について，$x > y$ である．

となる．この $p(x,y)$ について，定理 2.7.1 が成り立つことは各自確かめてください．

例題 2.7.5 例題 2.5.7 において，
$$\overline{\forall x \; \exists y \; p(x,y)} \quad \text{および} \quad \overline{\exists y \; \forall x \; p(x,y)}$$
はどういう命題になるか，なるべく簡単な形にして答えよ．

解答例

まず，前半は，
$$\overline{\forall x \; \exists y \; p(x,y)} \equiv \exists x \; \overline{\exists y \; p(x,y)} \equiv \exists x \; \forall y \; \overline{p(x,y)}$$

であるから，$\overline{\forall x \; \exists y \; p(x,y)}$ は，「このクラスのある男子生徒は，すべての女子生徒と恋人ではない」となる．また，後半は，
$$\overline{\exists y \; \forall x \; p(x,y)} \equiv \forall y \; \overline{\forall x \; p(x,y)} \equiv \forall y \; \exists x \; \overline{p(x,y)}$$

であるから，$\overline{\exists y \; \forall x \; p(x,y)}$ は，「すべての女子学生は，ある男子学生と恋人ではない」となる．

注意 2.7.6 命題

（∗） すべての正の実数は，2 乗すると正になる

の否定命題は

（正） ある正の実数は，2 乗すると 0 または負になる

であって，

（誤） ある，0 または負の実数は，2 乗すると 0 または負になる

ではない．否定だからといって「正」を「正でない」，すなわち，「0 または負になる」に**機械的に置き換えて**しまうと，このような**落とし穴に陥る場合がある**．この例では，
$$x \text{ が正の実数全体の集合}$$
を動くとき，
$$p(x): \; x^2 > 0 \text{ である}$$
とすれば，命題（∗）は
$$\forall x \in X \; p(x)$$

と書ける．この否定命題は
$$\exists x \in X \ \overline{p(x)}$$
となり，上の命題（正）が正しいことはすぐにわかるであろう．
　　否定をとっても "$x \in X$" という**付帯条件の部分は変化しない**ことに注意しておこう．

上の注意に関連して，さらに，もう少し詳しい説明をしておこう．

注意 2.7.7　　上の注意 2.7.6 の例で
$$q(x): \ x \text{ は正である}$$
とすれば，注意 2.7.6 における命題（∗）は
$$\forall x \in \mathbb{R} \ (q(x) \to p(x))$$
とも解釈できる．これを
$$\forall x \in \mathbb{R} \ (\text{s.t. } q(x)) \ p(x)$$
と書いて，

　　$q(x)$ という条件を満たすすべての $x \in \mathbb{R}$ について $p(x)$ である

と読む．（"s.t." は such that の略．数学ではよく使われる．）　一方，
$$\text{ある正の実数は 2 乗すると正になる}$$
という命題は，
$$\exists x \in \mathbb{R} \ (q(x) \land p(x))$$
とも解釈でき，これを
$$\exists x \in \mathbb{R} \ (\text{s.t. } q(x)) \ p(x)$$
と書いて，

　　$q(x)$ という条件を満たすある $x \in \mathbb{R}$ について $p(x)$ である

と読む．このように解釈したときも，
$$\overline{\forall x \in \mathbb{R} \ (\text{s.t. } q(x)) \ p(x)} = \exists x \in \mathbb{R} \ (\text{s.t. } q(x)) \ \overline{p(x)}$$
$$\overline{\exists x \in \mathbb{R} \ (\text{s.t. } q(x)) \ p(x)} = \forall x \in \mathbb{R} \ (\text{s.t. } q(x)) \ \overline{p(x)}$$
であることが確かめられ，注意 2.7.6 で述べたような，**否定をとっても，$q(x)$ という付帯条件の部分は変化しない**ということが確認できる．

くまさん：「『付帯条件』の部分は，注意 2.7.6 や注意 2.7.7 のような複数の解釈の仕方があるが，途中経過はどう考えようと，結果として得られる否定命題は同じなんだ．」

はちべぇ：「なるほど，うまくできているわけだね．」

くまさん：「最後に，『否定の作り方 3 分間クッキング』をまとめておこう．」

はちべぇ：「テレビの『3 分間クッキング』って，どう見ても 3 分でできるとは思えないんだけど．」

くまさん：「火にかけたと思ってたら，いつの間にか横から，**2，3 時間煮込んだもの**が出てくるんだからな．」

はちべぇ：「じゃぁ，私も．時間がないから，**一昼夜煮込んで作った『否定命題』**を出していい？」

くまさん：「ほんとうに一昼夜煮込んだものならな．きみのはどうせ，**レンジでチン**だろうが．」

---

3 分間クッキング　否定の作り方

$$\forall \overset{否定}{\rightsquigarrow} \exists$$
$$\exists \overset{否定}{\rightsquigarrow} \forall$$
$$p(x) \overset{否定}{\rightsquigarrow} \overline{p(x)}$$

とすれば良い．ただし，"付帯条件" の部分は変化しないので，**機械的にやらずに十分注意すること**．

手造りの**否定**の店　元祖

2.7 全称・存在の否定

<<ちょっと休憩>>

様相論理学

「明日は天気である」という命題 p に対して，「**必ず明日は天気である**」(**必然性**) という命題を

$$\Box p$$

と表し，また，「明日は天気である**可能性がある**」(**可能性**) という命題を

$$\Diamond p$$

と表して，**必然性と可能性についての論理**を議論する分野のことを**様相論理学**と呼びます．このとき，$\overline{\Box p}$ は，「『必ず明日は天気である』ではない」であり，これは「明日は天気で**ない**可能性がある」ということと同じで，

(*) $$\overline{\Box p} \equiv \Diamond \bar{p}$$

となります．同様に，$\overline{\Diamond p}$ は「『明日は天気である可能性がある』ではない」ですから，「必ず明日は天気で**ない**」ということになり，

(**) $$\overline{\Diamond p} \equiv \Box \bar{p}$$

となります．これらの同値関係の関係式 (*),(**) は，述語論理学における関係式

$$\overline{\forall x \ p(x)} \equiv \exists x \ \overline{p(x)}$$
$$\overline{\exists x \ p(x)} \equiv \forall x \ \overline{p(x)}$$

と似ています．実は，x が **"可能性の全体"** を動くとして，命題関数 $p(x)$ を「x という可能性において，命題 p が成り立つ」とおくと，

$$\forall x \ p(x) = \Box p$$
$$\exists x \ p(x) = \Diamond p$$

と見なすことができて，**様相論理学と述語論理学は理論体系として同型である**と解釈できます．このあたりの事情の概要は，三浦俊彦「可能世界の哲学」(日本放送出版協会) にわかりやすく，コンパクトにまとめられています．

2.8 実践例——ε-δ論法

ついにやってきました，ε-δ論法！！

(1) 数列の極限

> **例 2.8.1 (数列の極限)** 高校のときに習った，数列の極限
> $$(\Diamond) \qquad \lim_{n\to\infty} a_n = \alpha$$
> は，
> $$n \text{ を "限りなく" 大きくしていくと}$$
> $$a_n \text{ は "限りなく" } \alpha \text{ に近づく}$$
> という **文学的表現** でお茶を濁した．上記の $(\Diamond)$ を，これまで習った論理の言葉を用いて，**数学的に述べると**，次のようになる：
>
> $(\Diamond\Diamond)$ $\forall \varepsilon > 0$ に対して $\exists N \in \mathbb{N}$ があって $\forall n \in \mathbb{N}$ について，
>   "$n \geq N$ ならば $|a_n - \alpha| < \varepsilon$" が成り立つ[*]．
>
> $$\begin{pmatrix} \text{すべての正の数 } \varepsilon \text{ に対してある自然数 } N \text{ があって} \\ \text{すべての自然数 } n \text{ について，} \\ \text{"}n \geq N \text{ ならば } |a_n - \alpha| < \varepsilon\text{" が成り立つ．} \end{pmatrix}$$

ε（「イプシロン」と読む）は，英文字の e に対応するギリシア文字で，微小量を表すことが多い．$(\Diamond\Diamond)$ には「$\forall \varepsilon > 0$ について」とあるが，**実質的に問題となるのは，大きい量の ε に対してではなくて，小さい量の ε に対してである**．また，口調が良いためか，実際には，「すべての」の代わりに，「任意の」という言葉が使われることも多い[**]．

---

[*] $\forall \varepsilon > 0$ に対して $\exists N \in \mathbb{N}$ があって $\boxed{\forall n \geq N \text{ について}}$，
    $|a_n - \alpha| < \varepsilon$ が成り立つ．

と書くこともあります．ここで，"$\forall n \geq N$" というのは，"$\forall n(\in \mathbb{N})$ s.t. $n \geq N$"（$n \geq N$ であるような，すべての n について）の意味です．詳しくは，注意 2.7.7 を参照してください．

[**] 注意 2.2.2 で述べたように，「すべての」と「任意の」はニュアンスは違いますが，意味は同じです．

2.8 実践例——ε-δ 論法

はちべぇ：「この『イプシロンなんたらかんたら』ってのは，ガメラ復活の呪文かなにか？」
くまさん：「ちがう．」
はちべぇ：「じゃ，ゴジラだ．」
くまさん：「ちが〜う．」
はちべぇ：「あ，わかった．『ウルトラQ』の，ケムール人と神田博士の交信記録だ．」
くまさん：「あのな〜．マニアックなネタを出してくるんじゃない．しかも話が古すぎる．」
はちべぇ：「何なの，これ？」
くまさん：「だから，書いてある通り，$\lim_{n\to\infty} a_n = \alpha$ の数学的表現で…．」
はちべぇ：（ぐぅ〜）
くまさん：「こら，寝るんじゃない．これは，数学をちゃんとやるには，誰しも通らなければならない道だ．」
はちべぇ：「近道は？」
くまさん：「通行料，税込みで 5600 円いただきます．」
はちべぇ：「あんたまでボケてどうすんの．さ，勉強，勉強．」

はちべぇ：「『**限りなく**』というのが，『**文学的表現**』ってのは，どういうこと？」
くまさん：「だって，『限りが無い』ってのは，『無限』ってことだけど，それって，『**星の数ほど**』と言ってるのと，あまり変わらないと思うぞ．」
はちべぇ：「でも，『無限』って，ちゃんとした数学用語だろ．」
くまさん：「お釈迦様の『不可思議な無量大数』ってのもあるぞ．」
はちべぇ：「わかった，わかった，それはまたの機会に．」

くまさん：「単なる『無限』という言葉は，あくまで『有限でない』という**定性的**な性質を表現するものだ.」

はちべぇ：「それで？」

くまさん：「でも，『無限』には，いろいろある[*]．上の例で言うと，『限りなく近づく』といっても，近づき方（近づく速さ）だっていろいろだ.」

はちべぇ：「例えば？」

くまさん：「$1/n$ と $1/n^2$ は，n が大きくなるとき，0に近づく速さは違うが，『**限りなく**』という表現だけでは，その区別はつかない[**].」

はちべぇ：「でも，上の定義 ($\diamondsuit\diamondsuit$) だって抽象的で，区別がつくように思えないんだけど.」

くまさん：「いや，($\diamondsuit\diamondsuit$) には，N とか ε というものが入っていて，非常に**定量的**な表現なんだ．一見抽象的だが，実際の例では，N や ε には，具体的な数字を入れることができるんだからね.」

はちべぇ：「ふ～ん.」

くまさん：「それに，($\diamondsuit\diamondsuit$) の表現には，『**不等式**』が入っている．不等式は，大変実用的な道具なんだよ[†].」

[††]

---

[*] 第3章の「濃度」の冒頭の解説を参照のこと．

[**] 実は，$1/n$ などのような簡単な例では，「高々 $1/n$ の order である」ということを表す便利な記号 $O(1/n)$ があり，"**order の算法**" で済ますこともできます．しかし，もっと複雑な状況や，「関数列の収束」になると，($\diamondsuit\diamondsuit$) を一度通っておいた方が結果的には近道かもしれません．

[†] 不等式とは，言うまでもありませんが，「**ある量を別の量でおさえたもの**」です．目標となる不等式を得るために，地道に，いろいろな不等式を積み重ねていくことを，「**不等式で評価する**」と言います．こうした作業方針は，解析学という分野の特徴の1つです．

[††] このようなうたい文句の，テレビの通信販売の番組を見るにつけ，「おまけはいらないから，もう少し安くすれば？」と思うのは，私だけでしょうか．

2.8 実践例——ε-δ 論法

はちべぇ：「むにゃむにゃ．」
くまさん：「何してるの？」
はちべぇ：「上の定義を忘れないように，復唱してるの．」
くまさん：「ダメだよ，**お経のようにして覚えちゃ**．確かに慣れも必要な要素だけど，最初に**理解して納得する**ステップがないとね[*]．」
はちべぇ：「納得するったって，どうすればいいの？」
くまさん：「まず，一つずつ行こうか．$|a_n - \alpha| < \varepsilon$ の部分だけど，これは書き直すと，$\alpha - \varepsilon < a_n < \alpha + \varepsilon$ で，言い換えると，a_n が開区間 $(\alpha - \varepsilon, \alpha + \varepsilon)$ に含まれていることに他ならない．」
はちべぇ：「$(\alpha - \varepsilon, \alpha + \varepsilon)$ って，α を中心とした，幅が 2ε の開区間だよね．」
くまさん：「その通り．a_n が α に "限りなく近づく" というのは，『どんなに小さな幅の，そのような開区間の中にも，ある番号から先の a_n はすべて含まれてしまう』ということだ．」

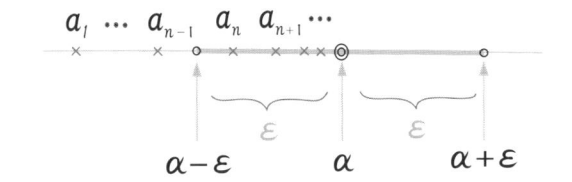

はちべぇ：「なんとなくわかるんだけど…．」
くまさん：「今言ったことをちゃんと書くと，$(\Diamond\Diamond)$ のようになる．」
はちべぇ：「でも，まだ，しっくりこないんだけども．」
くまさん：「一度には無理だ．落ち着いてゆっくり考えてみましょう．」

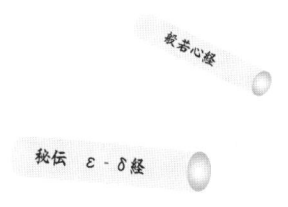

---

[*] このステップがないと，**どっこいしょ現象**というもの（昔話の「どっこいしょ」のように，何かのきっかけで，覚えていたものが，トンチンカンなものに，すり替わってしまうこと）に苦しむことになります．

さて，今度はこれを論理記号を使って表現してみよう．まず，($\Diamond\Diamond$) だが，念のためにもう一度書いておく．

$\lim_{n \to \infty} a_n = \alpha$ の数学的表現

($\Diamond\Diamond$) $\forall \varepsilon > 0$ に対して $\exists N \in \mathbb{N}$ があって $\forall n \in \mathbb{N}$ について，
"$n \geq N$ ならば $|a_n - \alpha| < \varepsilon$" が成り立つ[*].

$$\left(\begin{array}{c} \text{すべての正の数 } \varepsilon \text{ に対してある自然数 } N \text{ があって} \\ \text{すべての自然数 } n \text{ について，} \\ \text{"}n \geq N \text{ ならば } |a_n - \alpha| < \varepsilon \text{" が成り立つ.} \end{array} \right)$$

これを論理記号で書くと，次のようになる．

$\lim_{n \to \infty} a_n = \alpha$ の数学的表現の論理記号化

ε が正の実数全体を動き，n, N は自然数全体を動くとする．
そこで，2つの命題関数
$$p(n, N) : n \geq N \text{である}$$
$$q(n, \varepsilon) : |a_n - \alpha| < \varepsilon \text{である}$$
を用いると，($\Diamond\Diamond$) は，
$$\forall \varepsilon \; \exists N \; \forall n \; (p(n, N) \to q(n, \varepsilon))$$
となる．

くまさん：「これで概要はすべてだ．わかっただろ．」
はちべぇ：「なんとなくね．」
くまさん：「やはり一度は ($\Diamond\Diamond$) の内容をちゃんと理解すること，あとは慣れの問題だな．」
はちべぇ：「急がば回れか．」
くまさん：「その通り．**暗記するのはたやすいが，効果はせいぜい数日だけ**．これからのことを考えると，これは**たいへん効率の悪いやり方**であることがわかってくると思うよ．」

はちべぇ：「ボチボチいきますか．」
くまさん：「今度は，この命題の否定を求めてみよう．」

例題 2.8.2 $\lim_{n\to\infty} a_n \neq \alpha$ であることを，例 2.8.1 の ($\diamondsuit\diamondsuit$) にならって述べるとどうなるか答えよ．

解答例 （これは，「**例 2.8.1 の ($\diamondsuit\diamondsuit$) の否定命題を作れ**」ということに他ならない．）

ε が正の実数全体を動き，n, N は自然数全体を動くとする．そこで，「$n \geq N$ である」という命題関数を $p(n, N)$ とし，「$|a_n - \alpha| < \varepsilon$ である」という命題関数を $q(n, \varepsilon)$ とすると，($\diamondsuit\diamondsuit$) は，
$$\forall \varepsilon\ \exists N\ \forall n\ (p(n, N) \to q(n, \varepsilon))$$
となる．したがって，その否定は
$$\overline{\forall \varepsilon\ \exists N\ \forall n\ (p(n, N) \to q(n, \varepsilon))} \equiv \exists \varepsilon\ \forall N\ \exists n\ \overline{p(n, N) \to q(n, \varepsilon)}$$
$$\equiv \exists \varepsilon\ \forall N\ \exists n\ \overline{\overline{p(n, N)} \vee q(n, \varepsilon)} \equiv \exists \varepsilon\ \forall N\ \exists n\ (p(n, N) \wedge \overline{q(n, \varepsilon)})$$
となり，求める命題は，

「ある正の数 ε があって，どんな自然数 N に対しても，ある n があって，$n \geq N$ かつ $|a_n - \alpha| \geq \varepsilon$ となる」

である． □

(2) 関数の連続性

例 2.8.3 (関数の連続性) 高校のときに習った，関数の連続性
(♡)
$$\lim_{x \to x_0} f(x) = f(x_0)^*$$
の数学的な定義は，次のようになる：

(♡♡) $\forall \varepsilon > 0$ に対して $\exists \delta > 0$ があって $\forall x \in \mathbb{R}$ について，
"$|x - x_0| < \delta$ ならば $|f(x) - f(x_0)| < \varepsilon$" が成り立つ．

$$\left(\begin{array}{c} \text{すべての正の数 } \varepsilon \text{ に対してある実数 } \delta \text{ があって} \\ \text{すべての実数 } x \text{ について，} \\ \text{"}|x - x_0| < \delta \text{ ならば } |f(x) - f(x_0)| < \varepsilon\text{" が成り立つ．} \end{array} \right)$$

上記の δ (「デルタ」と読む) は，英文字の d に対応するギリシア文字で，ε と同様に，微小量を表すことが多い．(♡♡) には「$\forall \varepsilon > 0$ について」とあるが，これも (♢♢) の場合と同様に，実質的に問題となるのは，小さい量の ε に対してであり，ε に応じて δ も小さくとらなければならない．

はちべぇ：「これも同じ要領なんですよね．」
くまさん：「さっきのは，$\lim_{n \to \infty}$ なので，『ある番号から先の n』だったけど，今度のは，$\lim_{x \to x_0}$ なので，『x_0 に十分近い x について』，すなわち，『ある開区間 $(x_0 - \delta, x_0 + \delta)$ に含まれる x について』となる[**]．」
はちべぇ：「う～ん．」
くまさん：「このあたりはやはり時間をかけて，じっくり考えてみるしか道はないんだ．」
はちべぇ：「近道は？」
くまさん：「通行料 7300 円（税別）いただきます．」
はちべぇ：「それ，さっきやったネタじゃないか．しかも値上がりしてるがな．」

---

[*] $f(x_0)$ を一般の α で置き換えた「関数の極限」の一般的な形 $\lim_{x \to x_0} f(x) = \alpha$ では，(♡♡) において "$|x - x_0| < \delta$" を "$0 < |x - x_0| < \delta$" にしてやる（すなわち，$x = x_0$ を除いてやる）必要があります．

[**] 上にも書きましたが，δ は ε に応じて，十分小さくとってやる必要があります．このあたりのニュアンスを込めて，(♡♡) を，「任意の ε に対して，**十分小さな δ をとると** ・・・」という言い方をするときもあります．

(◇◇) の場合と同様に，(♡♡) についても論理記号を用いて表現しておこう．まず，(♡♡) をもう一度書いておく．

$\lim_{x \to x_0} f(x) = f(x_0)$ の数学的表現

(♡♡)　　$\forall \varepsilon > 0$ に対して　$\exists \delta > 0$ があって　$\forall x \in \mathbb{R}$ について，
"$|x - x_0| < \delta$ ならば $|f(x) - f(x_0)| < \varepsilon$" が成り立つ．

$$\begin{pmatrix} \text{すべての正の数 } \varepsilon \text{ に対してある実数 } \delta \text{ があって} \\ \text{すべての実数 } x \text{ について，} \\ \text{"}|x - x_0| < \delta \text{ ならば } |f(x) - f(x_0)| < \varepsilon\text{" が成り立つ．} \end{pmatrix}$$

$|x - x_0| < \delta$ とは，言いかえると，x が開区間 $(x_0 - \delta, x_0 + \delta)$ に含まれていることである．$|f(x) - f(x_0)| < \varepsilon$ についても，$f(x)$ が開区間 $(f(x_0) - \varepsilon, f(x_0) + \varepsilon)$ に含まれていることに他ならない．したがって，(♡♡) を言いかえると，

どんなに小さな ε をとっても，ある δ をとれば，
$$f((x_0 - \delta, x_0 + \delta)) \subset (f(x_0) - \varepsilon, f(x_0) + \varepsilon)$$

となる[*]．

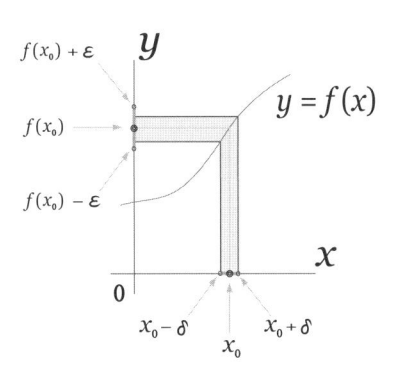

これを論理記号で書くと，次のようになる．

---
[*] $f((x_0 - \delta, x_0 + \delta))$ とは，開区間 $(x_0 - \delta, x_0 + \delta)$ の f による像である．すなわち，
$$f((x_0 - \delta, x_0 + \delta)) = \{f(x)\ ;\ x \in (x_0 - \delta, x_0 + \delta)\}$$
詳しくは，注意 3.2.2 を参照のこと．

$\lim_{x \to x_0} f(x) = f(x_0)$ の数学的表現の論理記号化

ε, δ が正の実数全体を動き，x は実数全体を動くとする．
そこで，2つの命題関数
$$p(x, \delta) \ : \ |x - x_0| < \delta \text{ である}$$
$$q(x, \varepsilon) \ : \ |f(x) - f(x_0)| < \varepsilon \text{ である}$$
を用いると，($\heartsuit\heartsuit$) は，
$$\forall \varepsilon \ \exists \delta \ \forall x \ (p(x, \delta) \to q(x, \varepsilon))$$
となる．

くまさん：「あとは，($\diamondsuit\diamondsuit$) の場合と同様に，**内容の理解**と**実践**あるのみだ．」
はちべぇ：「…．」
くまさん：「おい，はちべぇ．どうした．顔色が悪いぞ．」
はちべぇ：「…．」
くまさん：「あれを越えれば頂上だ．雪山で寝るんじゃない．遭難するぞ．」
はちべぇ：「**そうなんです．**」

（大音響とともに雪なだれ）

はちべぇ・くまさん
入院中
食べ物は与えないでください

2.8 実践例——ε-δ 論法

例題 2.8.4 $\lim_{x \to x_0} f(x) \neq f(x_0)$ であることを，例 2.8.3 の ($\heartsuit\heartsuit$) にならって述べるとどうなるか答えよ．

解答例 (これは，「例 2.8.3 の ($\heartsuit\heartsuit$) の否定命題を作れ」ということに他ならない．)

ε, δ が正の実数全体を動き，x は実数全体を動くとする．そこで，「$|x - x_0| < \delta$ である」という命題関数を $p(x, \delta)$ とし，「$|f(x) - f(x_0)| < \varepsilon$ である」という命題関数を $q(x, \varepsilon)$ とすると，($\heartsuit\heartsuit$) は，

$$\forall \varepsilon \, \exists \delta \, \forall x \, (p(x, \delta) \to q(x, \varepsilon))$$

となる．したがって，その否定は

$$\overline{\forall \varepsilon \, \exists \delta \, \forall x \, (p(x, \delta) \to q(x, \varepsilon))} \equiv \overline{\forall \varepsilon \, \exists \delta \, \forall x \, (\overline{p(x, \delta)} \vee q(x, \varepsilon))}$$
$$\equiv \exists \varepsilon \, \forall \delta \, \exists x \, \overline{\overline{p(x, \delta)} \vee q(x, \varepsilon)} \equiv \exists \varepsilon \, \forall \delta \, \exists x \, (p(x, \delta) \wedge \overline{q(x, \varepsilon)})$$

となり，求める命題は

「ある正の数 ε があって，任意の正の数 δ に対しても，ある x があって，$|x - x_0| < \delta$ かつ $|f(x) - f(x_0)| \geq \varepsilon$ となる」

である． □

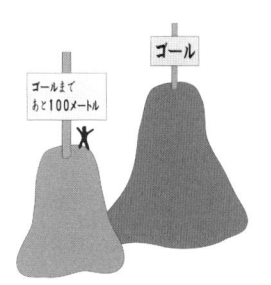

($\Diamond\Diamond$) や ($\Diamond\heartsuit$) などのような表現を用いて，極限，連続，微分などの議論を展開する方法を

ε-δ 論法
（イプシロン・デルタろんぽう）

と呼ぶ．(($\Diamond\Diamond$) には，δ が登場しないが，これも「ε-δ 論法」と呼ぶ[*]．)

実は，ε-δ 論法をわざわざ持ち出さなくても，高校のとき習った**"文学的表現"だけで済ますことのできる部分は多い**．が，それが**すべてではない**．実際，ε-δ 論法を用いないと証明が困難になる定理[**]や，それがないと定義すらできない概念[†]もあるので，避けては通れないことを念頭においておこう[††]．

そういう次第で，心構えとしては，

ふだんは"文学的表現"，ここぞというときに，ε-δ 論法

と思っておけば良いわけです．

---

[*] 律義に「ε 論法」と呼ぶ人もいる．

[**] 例えば，「ある極限に収束する数列は，その数列の平均も，その極限に収束する」という定理：
$$\lim_{n\to\infty} a_n = \alpha \quad \text{ならば} \quad \lim_{n\to\infty} \frac{1}{n}\sum_{k=1}^{n} a_n = \alpha.$$

[†] 例えば，「関数列の一様収束」の概念など．これは，微積分で ε-δ 論法を使う，大きな理由の1つです．(これには，ε-δ 論法の代わりに，差の絶対値の**上限**を用いるという手もあるにはあるのですが…．)

[††] このあたり，「ちゃんと議論するための**必要悪**」という考えがある一方，「このために，数学自体を嫌いになると，元も子もない」という現実もあり，意見が分かれるところです．ただ，**直観やイメージが重要**であっても，それを自分でつかみとるには，多くのこういう**地道な基本練習が必要**です．このあたりの状況が，他の分野より切実なのは，「数学」という学問のもつ宿命かもしれません．

2.9 演習問題

[1] 命題「この店のスペシャルメニューのすべての料理を 30 分以内で食べるならば，店員さんが写真を撮ってくれる．」の否定はどれか，番号で答えよ．

(1) この店のスペシャルメニューのすべての料理を 30 分以内で食べないならば，店員さんが写真を撮ってくれる．
(2) この店のスペシャルメニューのある料理を 30 分以内で食べないならば，店員さんが写真を撮ってくれない．
(3) この店のスペシャルメニューのすべての料理を 30 分以内で食べるが，店員さんが写真を撮ってくれない．
(4) この店のスペシャルメニューのある料理を 30 分以内で食べないが，店員さんが写真を撮ってくれる．

[2] 命題「すべての人間がある金額のお金を私にくれるならば，私は幸福になる．」の否定はどれか，番号で答えよ．

(1) ある人間がすべての金額のお金を私にくれなければ，私は幸福にならない．
(2) すべての人間がある金額のお金を私にくれなければ，私は幸福にならない．
(3) ある人間がすべての金額のお金を私にくれたとしても，私は幸福にならない．
(4) すべての人間がある金額のお金を私にくれたとしても，私は幸福にならない．

[3] 命題「すべての人間が『クレヨンしんちゃん』であるならば，学校がなくなるし，すべての宿題もなくなる．」の否定はどれか，番号で答えよ．

(1) すべての人間が『クレヨンしんちゃん』であっても，学校がなくならないか，ある宿題がなくならない．
(2) すべての人間が『クレヨンしんちゃん』であっても，学校がなくならないし，すべての宿題もなくならない．
(3) ある人間が『クレヨンしんちゃん』でないならば，学校がなくならないか，ある宿題がなくならない．
(4) ある人間が『クレヨンしんちゃん』でないならば，学校がなくならないし，すべての宿題がなくならない．

[4] 次の命題の「否定」をなるべく簡単な文章で表現したものを，否定になっている理由をつけて答えよ．

(1) ある友人は，エアコンなしで過ごす暑いある日に，天に向かって「勘弁してくれ〜」と叫ぶ．
(2) 博多のある店のラーメンは，値段が安いし，すべてのフランス料理よりおいしい．
(3) 自動販売機の，すべてのボタンを押すならば，ある缶が出てくるか，あるいは，店のおじさんが出てくる．
(4) すべての人が「サザエさん」をずっとテレビで見続けるならば，イクラちゃんは「バブー」としか言わないし，カツオは小学生のままである．
(5) すべての人間が「バカボンのパパ」であるならば，すべての戦争がなくなるし，「これでいいのだ」の一言でけんかが丸くおさまる．
(6) 「一匹の怪獣をウルトラ兄弟が寄ってたかってやっつける」場面を，すべての子供達が，テレビで見るならば，ある子供はイジメに走るか，おもちゃ屋に走る．

[5] 次の命題の真偽について理由をつけて答えよ．

(1) $\forall x \in \mathbb{R} \ \exists y \in \mathbb{R} \ xy = 1$.
(2) $\forall x \in \mathbb{R} \ \exists y \in \mathbb{R} \ x + y = 0$.
(3) $\exists y \in \mathbb{R} \ \forall x \in \mathbb{R} \ xy = 1$.
(4) $\exists y \in \mathbb{R} \ \forall x \in \mathbb{R} \ x + y = 0$.

[6] 命題関数 $p(x), q(x) \ (x \in X)$ に対して，次を示せ．

(1) $\forall x \ p(x) \to \exists x \ q(x) \ \equiv \ \exists x \ (p(x) \to q(x))$
(2) $\exists x \ p(x) \to \forall x \ q(x) \ \Rightarrow \ \forall x \ (p(x) \to q(x))$

[7] 命題関数 $p(x)$ と 命題 q に対して，x の動く範囲が有限集合 $\{a_1, a_2, \cdots, a_n\}$ であるとき[*]，次を示せ．

(1) $\forall x \ (p(x) \lor q) \ \equiv \ \forall x \ p(x) \lor q$
(2) $\exists x \ (p(x) \land q) \ \equiv \ \exists x \ p(x) \land q$

[8] 次を示せ．（上記の問題 [7] の等式を用いても良い．）

(1) $\forall x \ (p(x) \to q) \ \equiv \ \exists x \ p(x) \to q$
(2) $\exists x \ (p(x) \to q) \ \equiv \ \forall x \ p(x) \to q$
(3) $\forall x \ (p \to q(x)) \ \equiv \ p \to \forall x \ q(x)$
(4) $\exists x \ (p \to q(x)) \ \equiv \ p \to \exists x \ q(x)$

---

[*] x の動く範囲が有限集合でない場合も成り立つ．

[9] 命題関数 $p(x,y), q(x,y), r(x)$ に対して，以下の命題の「否定」を，$\to$ を含まず，また，なるべく簡単な式で表現したものを，式変形の途中経過をつけて答えよ．

(1) $\exists x \, \forall y \, (p(x,y) \land r(x))$
(2) $\forall x \, \exists y \, p(x,y) \to \exists x \, r(x)$
(3) $\forall x \, (\exists y \, p(x,y) \to r(x)) \to \exists x \, \exists y \, q(x,y)$

補足：命題論理学と述語論理学

用語より内容の方が重要なので触れませんでしたが，第 1 章で議論したような，命題をあつかう論理学のことを**命題論理学**と呼び，第 2 章で展開したような，命題関数や全称と存在をあつかう論理学のことを**述語論理学**と言います．そして，これらは記号を用いて議論していることから，命題論理学と述語論理学を合わせて，**記号論理学**（あるいは，**数理論理学**）と呼んでいます．

しゅうごうの練習

「おにいちゃん，『集合』について習ったよ．」

「そうか，『集合』の仕方を習ったなら，『解散』の仕方も覚えたか？」

「おにいちゃんの頭の中って，夏休み？」

第3章 集合と写像

3.1 集　合

> **定義 3.1.1 (集合，要素)**　集合（set）とは，
> **客観的に範囲が規定された「"もの"の集まり」**[*]
> のことをいう．集合を形成する個々の"もの"を，その集合の**要素**（あるいは**元**(げん)）と呼ぶ．

> **例 3.1.2**
> (1) 「身長が 170 cm 以上の東京出身の人の集まり」は集合である．
> (2) 「アメリカに住んでいる美女の集まり」は集合ではない．
>   （なぜなら，「美女」かどうか客観的な判断基準はない．）
> (3) 「自然数の全体」は集合である．

はちべぇ：「『美女』かどうかわからないって？」
くまさん：「いや，『わからない』というより，客観的ではないということなんだ．」
はちべぇ：「だって，例えば，ミス・ユニバースの優勝者なんかは，誰が見ても美女でないかい？」
くまさん：「やはり好みの問題だからなぁ．『ミス・ユニバースの優勝者の集まり』なら，客観的に判断できるから，集合なんだけどね．」
はちべぇ：「じゃぁ，『私が美人だと思う人の集まり』は？」
くまさん：「『美人だと思う』ってのが，ちゃんと定まっていればね．でも，君は

---
[*] 実は，どんな"もの"でも良いわけではありません．このことについては，後で触れます（例 3.1.12）．

毎回言ってることが違うからなぁ.」
はちべぇ:「『**客観的判断**』ってさ,第1章の冒頭(例1.1.2)でも,同じようなことがあったね.」
くまさん:「そうなんだ.**集合を規定する条件は,命題なんで,この2つはある意味で平行しているんだ.**」

次の記号は,全世界共通,数学全般にわたって使われる.

定義 3.1.3 (特別な集合の記号) 以下のように,特定の記号は,特定の集合を表す[*]:

$\mathbb{N}$: 自然数全体からなる集合
$\mathbb{Z}$: 整数全体からなる集合
$\mathbb{Q}$: 有理数全体からなる集合
$\mathbb{R}$: 実数全体からなる集合
$\mathbb{C}$: 複素数全体からなる集合

数集合ファミリー

$\mathbb{N}$ 自然数ボウヤ　$\mathbb{Z}$ 整数にいちゃん　$\mathbb{Q}$ 有理数ねーちゃん　$\mathbb{R}$ 実数ママ　$\mathbb{C}$ 複素数パパ

(前回までのあらすじ)
「**自然数ボウヤ**」は,まだ引き算ができないので,「**整数にいちゃん**」を困らせてばかりいる.「**有理数ねーちゃん**」は,嫁入り修行中であるが,まだ「**実数ママ**」ほど完備ではなく,たまに失敗しては,ママが後始末.「**複素数パパ**」は時々,「**実数ママ**」の眼を盗んで,雲隠れするが,「愛 (i) を探しに行って来た」とか,わけのわからない弁解をしている.そんなところへ,遠いかなたのハミルトンの森から,「**四元数おじさん**」が突然やって来て,住みついちゃったものだから,一家は大騒ぎ.マイペースで非可換を通すおじさんに,みんなてんてこ舞い.さて,今週はどうなることやら.

---

[*] $\mathbb{N}$ は natural number(自然数) の頭文字から来ている. $\mathbb{Z}$ はドイツ語の **Zahl**(数) の頭文字から, $\mathbb{Q}$ は quotient(商) の頭文字から, $\mathbb{R}$ は real number(実数) の頭文字から, $\mathbb{C}$ は complex number(複素数) の頭文字から,それぞれ由来する.「整数」は英語で integer なので, $\mathbb{Z}$ の代わりに $\mathbb{I}$ を用いる人がたまにいるが, $\mathbb{Z}$ の方が標準的である. また,「有理数」は英語で rational number だが,その頭文字である $\mathbb{R}$ を使うと,実数の $\mathbb{R}$ と混乱するので, $\mathbb{Q}$ を用いるものと思われる.

3.1 集合

定義 3.1.4 (空集合)　便宜上，
　　　　　　　要素を一つも含まない集まり
も，一つの集合とし，
$$\text{空集合 (empty set)}$$
と呼んで，記号で
$$\emptyset^*$$
と表す．

定義 3.1.5 (属する，属さない)　"もの" x と 集合 X があるとする．このとき
　(1)　x が X の要素であるとき，
$$x \in X$$
　　と書いて，
$$x \text{ は } X \text{ に属する}$$
　　という．
　(2)　x が X の要素でないとき，
$$x \notin X$$
　　と書いて，
$$x \text{ は } X \text{ に属さない}$$
　　という．

注意 3.1.6　$x \in X$ は，$X \ni x$ と書いても良い．また状況に応じて
$$\begin{matrix} X & & x \\ \cup & & \cap \\ x & & X \end{matrix}$$
などと書く場合もある．$\notin$ についても同様である．

---

[*] ノルウェー語のアルファベット ∅（「オ」の口つきで「エ」と発音するらしい）から来ている．空集合の記号 ∅ はもともと，Bourbaki（ブルバキ）のメンバーであった André Weil（アンドレ・ヴェイユ）の発案らしい．（『アンドレ・ヴェイユ自伝』，シュプリンガー・フェアラーク東京，137 ページ．）

<<ちょっと休憩>> 空集合

「空集合」というのは，「無」という仏教思想に抵抗のない日本人には，違和感があまりないようだが，あらためて考えてみると，とまどったりする．空集合についての小話を2つほど．（レイモンド・M・スマリアン「無限のパラドックス」白揚社より．）

　素敵な音楽家のお嬢さんに空集合の話をした．すると，驚いた顔をしてこう言った．
　「数学者は本当にそんなものを使うんですか！」
　「そうだよ．」
　「いったいどこで？」
と彼女が聞くから
　「いたるところでさ．」
と答えると，彼女は少し考えてこう言った．
　「ああそうね．それは曲の中の休止符みたいなものなのね．」

ある有名な数学者が講義中に，「空集合は大嫌いだ」と言った．次の講義で，彼は空集合を使った．学生は手を挙げて言った．「あなたは空集合が嫌いだと言ったではありませんか？」その教授は言った．「わたしは嫌いだとは言ったが，空集合を使わないとは言っていないぞ．」

私が悪いんじゃありません

空集合

集合の表記法

(a) 集合の要素を書き並べる方法[*]

$$\{x_1, x_2, \cdots\}$$

(b) 集合の要素であるための条件を書く方法[**]

$$\{x \ ; \ x は\text{"条件"}を満たす\}$$

例 3.1.7

(1) X: 1桁の自然数からなる集合

のとき，

$\begin{aligned} X &= \{1,2,3,4,5,6,7,8,9\} &\leftarrow& \ (a)による記法 \\ &= \{1,2,\cdots,9\} &\leftarrow& \ (a)による記法 \\ & & & \ (\text{"}\cdots\text{"}の部分は略記法) \\ &= \{n; n は自然数で n \leq 9\} &\leftarrow& \ (b)による記法 \end{aligned}$

(2) X: 正の偶数全体からなる集合

のとき，

$\begin{aligned} X &= \{2,4,6,8,\cdots\} &\leftarrow& \ (a)による記法 \\ &= \{n; n = 2m \ (m は自然数)\} &\leftarrow& \ (b)による記法 \end{aligned}$

注意 3.1.8 $\{n \ ; \ n \in \mathbb{N}, n \leq 5\}$ のことを，$\{n \in \mathbb{N} \ ; \ n \leq 5\}$ のように "$n \in \mathbb{N}$" という **大前提** と，"$n \leq 5$" という **付帯条件** に分けて書くことも多い．

---

[*] 「外延的 (extensive) 記法」ともいう．

[**] 「内包的 (intensive) 記法」ともいう．
$$p(x) \ : \ x は\text{"条件"}を満たす$$
は命題関数であり，内包的記法とは，集合を一般の命題関数 $p(x)$ を用いて
$$\{x \ ; \ p(x) である\}$$
と表記することに他ならない．この内包的記法を通して，**集合論と記号論理学は**，いくつかの部分で議論が平行していることがわかる．

定義 3.1.9　集合 X, Y に対して，
(1) X は Y の**部分集合**である（X は Y に含まれる）とは，
$$x \in X \text{ ならば } x \in Y$$
が成り立つことをいい，記号で $\boldsymbol{X \subset Y}$ と書く[*]．
(2) X は Y に等しい（Y は X に等しい）とは，
$$X \subset Y \text{ かつ } Y \subset X$$
が成り立つことをいい，記号で $\boldsymbol{X = Y}$ と書く．
(3) X は Y に等しくない（Y は X に等しくない）とは，
$$X = Y \text{ でない}$$
が成り立つことをいい，記号で $\boldsymbol{X \neq Y}$ と書く．
(4) X は Y の**真部分集合**[**]であるとは，
$$X \subset Y \text{ かつ } X \neq Y$$
が成り立つことをいい，記号で $\boldsymbol{X \subsetneq Y}$ と書く．

注意 3.1.10　$X \subset Y$ は $Y \supset X$ と書いても良い．$\subsetneq$ についても同様である．

注意 3.1.11　部分集合の記号 $\subset, \subsetneq$ については，いくつかの流儀があるので，他の本を参照するときなど，注意しておくこと．

---

[*] 命題関数 $p(x), q(x)$ に対して，
$$X = \{x \ ; \ p(x) \text{ である}\}$$
$$Y = \{x \ ; \ q(x) \text{ である}\}$$
とおくと，「任意の x について $p(x) \Rightarrow q(x)$ である」ことは $X \subset Y$ であることに他ならない．また，「任意の x について $p(x) \Leftrightarrow q(x)$，すなわち，$p(x) \equiv q(x)$ であること」は $X = Y$ であることと同じである．

ちなみに，古典的な形式論理学では，$p \to q$ を $p \supset q$ と書く流儀があるようだが，集合の包含関係 $\subset$ と同じ記号で混乱をまねくので（実際，上記の集合の包含関係とは向きが逆である），使用しない方が良い．

[**] 日常用語で「部分」というと「一部分」ということであり，真部分集合の方が「部分」というイメージに近いかも知れませんが，$X = Y$ の場合も「部分集合」と呼びます．このように，**数学では，極端な場合や特殊な場合を区別せずに一般的な立場であつかうことが多いです**．

3.1 集合

	部分集合	真部分集合
この本での記号	$\subset$	$\subsetneq$
他の流儀（その1）	$\subset$	$\subsetneq$
他の流儀（その2）	$\subseteq$	$\subset$
他の流儀（その3）	$\subseteqq$	$\subset$

ここで，さきほど触れた「集合の定義における "もの" について，**なんでも良いわけではないこと**」を示す例を挙げよう．

例 3.1.12 (ラッセルのパラドックス*) "もの" として集合をとってくる．
そこで新しい集合を

$(*)$ $\qquad\qquad S := \{A\,;\,A\text{は集合}, A \notin A\}$

とおく．（"$A \notin A$" という条件は，内容的には違和感があるかもしれないが，客観的な条件である．）このとき，
 　もし $S \in S$ であると仮定すると，S の定義から，$S \notin S$ である．
 　一方，もし $S \notin S$ であると仮定すると，同様に $S \in S$ である．
したがって，いずれにしろ矛盾となる．

はちべぇ：「う〜ん．よくわからない．」
くまさん：「S の定義はいいよね．」
はちべぇ：「$A \notin A$ なんて，なんか変な条件だけど，数学の記号だから，客観的な条件だというのはわかる．」
くまさん：「そこで，$S \in S$ と仮定してみる．S は S の要素なんだから，S の定義 $(*)$ の条件 $A \notin A$ を満たすはずだよね．」

---

* 「通説や一般に真理と認められているもの」に反する説のことを**パラドックス（逆理，逆説）**という．ちなみに，このラッセルのパラドックスのような「あちらがたてば，こちらがたたぬ」というような状態は，俗にジレンマと呼ぶが，もともとは，記号論理学における**ジレンマ（両刀論法）**から来ている．（論理式で表すと $\{(p \to r) \land (\overline{p} \to r)\} \to r$ のこと．これは恒真命題である．）この恒真命題を論拠にして，"板ばさみ" 状態におちいる**詭弁**（一見もっともらしいが間違っている主張．相手をあざむく目的で行われることが多い．）の例があったために，上記の意味で使われるようになったようである．そこで，**問題：ジレンマ（両刀論法）を用いた詭弁の例を与えよ．**　（解答例は214ページ．）

はちべぇ：「うん.」

くまさん：「そうすると, $S \notin S$ となって仮定に反するだろ.」

はちべぇ：「あ, ホントだ.」

くまさん：「今度は, $S \notin S$ と仮定してみよう. S は S の要素じゃないんだから, S の定義 $(*)$ の条件 $A \notin A$ は満たさないよね.」

はちべぇ：「う〜ん, 確かに.」

くまさん：「そうすると, $S \in S$ となって, またもや矛盾というわけだ.」

はちべぇ：「これって, 第1章に出てきた『この命題は正しくない』(注意 1.1.4) っていうのに似ていない？」

くまさん：「その通り. 本質的に全く同じ構造なんだ. 『**自分自身に言及している主張**』というのがキーポイントだったけど, この場合も, **自分自身を要素に含むかどうか判断できるほど巨大な "集合"** を考えたのが, 原因なんだ.」

はちべぇ：「ほどほどに, ということか.」

くまさん：「『**集合の集まり**』というのは, 普通はあまりにデカすぎて, 集合と考えちゃいけない. 『集合の集まり』は, ふつう **集合族** と呼ぶんだよ.」

定義 3.1.13 (ベキ集合)　集合 X に対して, X の部分集合全体からなる集まり（**集合族**）のことを X の **ベキ集合** と呼び, 記号で $\mathcal{P}_X$ あるいは 2^X と書く.

例 3.1.14

$$X = \{x_1, x_2, x_3\}$$

のとき, X のベキ集合は

$$2^X = \{\emptyset, \{x_1\}, \{x_2\}, \{x_3\}, \{x_1, x_2\}, \{x_2, x_3\}, \{x_1, x_3\}, X\}^*$$

---

[*] 定義から, 「空集合 $\emptyset$ や X 自身も X の部分集合であること」を忘れないように. それでは問題です. **問題**: 空集合 $\emptyset$ のベキ集合 $2^\emptyset$ は何か？　**(答)** 空集合 $\emptyset$ の部分集合は $\emptyset$ のみである. したがって, $2^\emptyset = \{\emptyset\}$ となる.

3.1 集合

はちべぇ：「そして，**ツッパリ**[*]**の集まりを暴走族**と呼ぶんだね．」
くまさん：「ちょっと違うぞ．」
はちべぇ：「『ベキ集合』って，集合の集まりだろ．『集合の集まりは集合族』って言ったはなから，なんだこれは？」
くまさん：「これは慣習だから仕方がない．」
はちべぇ：「仕方がないって…．」
くまさん：「『すべての集合の集まり』などという巨大なものに比べれば，**ベキ集合なんて，比較的こじんまりとしたものだ**．『ベキ集合族』と言わずに『ベキ集合』と言っても，変なことは起こらないから心配ないよ．」
はちべぇ：「暴走族でも，**所帯が小さければ心配ない**というわけか．」
くまさん：「違うって．」

注意 3.1.15 ベキ集合の記号 $\mathcal{P}$ は，「ベキ」にあたる英語 "power" の頭文字から来ている．「ベキ」という言葉は，前述の通り (24 ページ参照)，「累乗」という意味で，内容的には，2^X と書くところからきている．

はちべぇ：「じゃぁ，2^X と書くのはどうして？」
くまさん：「それは次の注意を見てちょうだい．」

注意 3.1.16 (2^X と書く理由)
$$X = \{x_1, x_2, x_3, \cdots\}$$
のとき，X の部分集合は，各要素を含むか含まないかで決定できる．したがって，部分集合の全体は，

x_1 を含むか含まないか	×	x_2 を含むか含まないか	×	x_3 を含むか含まないか	×	$\cdots$
2通り	×	2通り	×	2通り	×	$\cdots$

$$\approx 2^{\{x_1, x_2, x_3, \cdots\}} = 2^X$$

はちべぇ：「わからん．」

---
[*] 最近では「ツッパリ」とは呼ばず，「ヤンキー」というらしい．

くまさん：「簡単だって．与えられた部分集合に対して，要素が入っているのを 1，入っていないのを 0 で表すことにして，各要素が入るか否かを x_1 から順番に書き並べてみたものを考えよう．例えば，$(1, 0, 0, \cdots)$ は，x_1 が 1 で，他はすべて 0 だから，$\{x_1\}$ のことだ．」

はちべぇ：「じゃあ，$(1, 0, 1, 0, 0, \cdots)$ は，$\{x_1, x_3\}$ でいいの？」

くまさん：「そうそう，その調子．全部 0 だと空集合で，全部 1 だと X 自身になる．」

はちべぇ：「そうすると，『X **の部分集合全体**』と，このように『**1 と 0 を並べたもの全体**』が，1 対 1 に対応しているんだね．」

くまさん：「このように，"1 と 0 のどちらか" が，X の要素だけ並んでいるので，2^X というわけだ．もっとも，この場合だと，2^X と書くより，$\{0, 1\}^X$ と書くべき*なんだけどね．」

はちべぇ：「よけいにわからん．」

くまさん：「この本では，触れないけど，そのうちまた出てくると思うよ．上のような考え方をふまえて，一般に，2 つの集合 A, B に対して，B^A という記号で表される集合というのがあるんだ**．」

定義 3.1.17 (有限集合，無限集合) 集合に含まれる要素の数が

有限個のとき，**有限集合**

無限個のとき，**無限集合**

と呼ぶ．また，集合 X に対して，X に含まれる要素の数を $\#X$ で表す．ただし，X が無限集合のときは $\#X = \infty$ と定める．

幽玄集合　　　夢幻集合

---

* 別に，「ベキは書くべき」などというダジャレを言いたかったわけではありません．
** 章末の演習問題 [5] を参照．

3.1 集合

定義 3.1.18 (共通部分, 和集合) 集合 X, Y に対して
(1) $X \cap Y := \{x \,;\, x \in X \text{ かつ } x \in Y\}$
とおいて, X と Y の**共通部分** (intersection) という[*].
(2) $X \cup Y := \{x \,;\, x \in X \text{ あるいは } x \in Y\}$
とおいて, X と Y の**和集合** (union) という[**].

定理 3.1.19 集合 X, Y, Z に対して, 次が成り立つ:
(1) **交換律**
   (a) $X \cap Y = Y \cap X$
   (b) $X \cup Y = Y \cup X$
(2) **結合律**
   (a) $(X \cap Y) \cap Z = X \cap (Y \cap Z)$
   (b) $(X \cup Y) \cup Z = X \cup (Y \cup Z)$
(3) **分配律**
   (a) $(X \cap Y) \cup Z = (X \cup Z) \cap (Y \cup Z)$
   (b) $(X \cup Y) \cap Z = (X \cap Z) \cup (Y \cap Z)$

証明

(1) : (a) $X \cap Y$
$\stackrel{\text{"$\cap$" の定義}}{=} \{x; x \in X \text{ かつ } x \in Y\}$
$\stackrel{\text{論理の交換律}}{=} \{x; x \in Y \text{ かつ } x \in X\}$
$\stackrel{\text{"$\cap$" の定義}}{=} Y \cap X$

(b) $X \cup Y$
$\stackrel{\text{"$\cup$" の定義}}{=} \{x; x \in X \text{ あるいは } x \in Y\}$
$\stackrel{\text{論理の交換律}}{=} \{x; x \in Y \text{ あるいは } x \in X\}$
$\stackrel{\text{"$\cup$" の定義}}{=} Y \cup X$

---

[*] 交わり (meet) ともいう. 記号 $\cap$ は "**cap**" と呼ぶことも多い. cap (帽子) は記号の形 $\cap$ から来ている.

[**] 結び (join) ともいう. 記号 $\cup$ は "**cup**" と呼ぶことも多い. cup (茶わん) は記号の形 $\cup$ から来ている.

(2) : (a) $\quad (X \cap Y) \cap Z$

$\overset{\text{"}\cap\text{"の定義}}{=} \{x; x \in X \text{ かつ } x \in Y\} \cap Z$

$\overset{\text{"}\cap\text{"の定義}}{=} \{x; (x \in X \text{ かつ } x \in Y) \text{ かつ } x \in Z\}$

$\overset{\text{論理の結合律}}{=} \{x; x \in X \text{ かつ } (x \in Y \text{ かつ } x \in Z)\}$

$\overset{\text{"}\cap\text{"の定義}}{=} X \cap \{x; x \in Y \text{ かつ } x \in Z\}$

$\overset{\text{"}\cap\text{"の定義}}{=} X \cap (Y \cap Z)$

(b) $\quad (X \cup Y) \cup Z$

$\overset{\text{"}\cup\text{"の定義}}{=} \{x; x \in X \text{ あるいは } x \in Y\} \cup Z$

$\overset{\text{"}\cup\text{"の定義}}{=} \{x; (x \in X \text{ あるいは } x \in Y) \text{ あるいは } x \in Z\}$

$\overset{\text{論理の結合律}}{=} \{x; x \in X \text{ あるいは } (x \in Y \text{ あるいは } x \in Z)\}$

$\overset{\text{"}\cup\text{"の定義}}{=} X \cup \{x; x \in Y \text{ あるいは } x \in Z\}$

$\overset{\text{"}\cup\text{"の定義}}{=} X \cup (Y \cup Z)$

(3) : (a) $\quad (X \cap Y) \cup Z$

$\overset{\text{"}\cap\text{"の定義}}{=} \{x; x \in X \text{ かつ } x \in Y\} \cup Z$

$\overset{\text{"}\cup\text{"の定義}}{=} \{x; (x \in X \text{ かつ } x \in Y) \text{ あるいは } x \in Z\}$

$\overset{\text{論理の分配律}}{=} \{x; (x \in X \text{ あるいは } x \in Z)$
$\qquad\qquad\qquad \text{ かつ } (x \in Y \text{ あるいは } x \in Z)\}$

$\overset{\text{"}\cap\text{"の定義}}{=} \{x; x \in X \text{ あるいは } x \in Z\}$
$\qquad\qquad\qquad \cap \{x; x \in Y \text{ あるいは } x \in Z\}$

$\overset{\text{"}\cup\text{"の定義}}{=} (X \cup Z) \cap (Y \cup Z)$

(b) $\quad (X \cup Y) \cap Z$

$\overset{\text{"}\cup\text{"の定義}}{=} \{x; x \in X \text{ あるいは } x \in Y\} \cap Z$

$\overset{\text{"}\cap\text{"の定義}}{=} \{x; (x \in X \text{ あるいは } x \in Y) \text{ かつ } x \in Z\}$

$\overset{\text{論理の分配律}}{=} \{x; (x \in X \text{ かつ } x \in Z) \text{ あるいは } (x \in Y \text{ かつ } x \in Z)\}$

$\overset{\text{"}\cup\text{"の定義}}{=} \{x; x \in X \text{ かつ } x \in Z\} \cup \{x; x \in Y \text{ かつ } x \in Z\}$

$\overset{\text{"}\cap\text{"の定義}}{=} (X \cap Z) \cup (Y \cap Z) \qquad\qquad\qquad\qquad □$

はちべぇ：「上の証明を見てるとさ，∩ と ∪ に関する『**集合の性質**』って，∧ と ∨ に関する『**論理の性質**』に帰着させているんじゃない？」

くまさん:「その通り．議論も，全く平行している．したがって，集合についても，ド・モルガンの法則なんかも成り立つんだ．あとで出てくるよ．」

はちべぇ:「論理には，もう一つ，『否定』(〜でない) をとるという操作があったんだけど，集合には対応物があるの．」

くまさん:「それが『**補集合**』というもので，これも後で出てくる (定義 3.1.32)．ただ，集合の場合は『〜でない』という要素を集めて来なければならないので，どこまでの範囲の中で集めるかということ，すなわち，あらかじめ固定された一つの『**全体集合**』というものを設定しておく必要があるんだけどね．」

例題 3.1.20 集合 X, Y に対して，次の 3 つは同値であることを示せ．
(1) $X \subset Y$ である．
(2) $X \cap Y = X$ である．
(3) $X \cup Y = Y$ である．

解答例

(1) と (2) が同値であること: (1) ⇒ (2) は明らかであるから，(2) ⇒ (1) を示す．$X \cap Y = X$ であるとすると，$X = X \cap Y \subset Y$，すなわち，$X \subset Y$ となるから，成り立つ．

(1) と (3) が同値であること[*]: (1) ⇒ (3) は明らかであるから，(3) ⇒ (1) を示す．$X \cup Y = Y$ であるとすると，$X \subset X \cup Y = Y$，すなわち，$X \subset Y$ となるから，成り立つ．

実戦的アドバイス

集合 X, Y に対して，$\boldsymbol{X \subset Y}$ であることを証明するには，
地道に，"$\boldsymbol{x \in X}$ ならば $\boldsymbol{x \in Y}$" であること
を示せば良いことに注意すること．

---

[*] (1), (2), (3) がすべて同値であることを示すため，
$$(1) \Leftrightarrow (2), \text{ および, } (1) \Leftrightarrow (3)$$
を示したが，
$$(1) \Leftrightarrow (2), \text{ および, } (2) \Leftrightarrow (3)$$
を示しても良いし，あるいは，
$$(1) \Rightarrow (2), (2) \Rightarrow (3), \text{ および, } (3) \Rightarrow (1)$$
を示しても良い．

上の「実戦的アドバイス」の方法で，例題 3.1.20 の解答例を書き直すと次のようになる．

例題 3.1.20 の解答例 2

(1) と (2) が同値であること： (1) ⇒ (2) は明らかであるから，(2) ⇒ (1) を示す．$X \cap Y = X$ であるとする．このとき，$x \in X$ ならば，$x \in X = X \cap Y$，特に，$x \in Y$ である．以上から，$x \in X$ ならば $x \in Y$ であることが得られ，したがって，$X \subset Y$ が成り立つ．

(1) と (3) が同値であること： (1) ⇒ (3) は明らかであるから，(3) ⇒ (1) を示す．$X \cup Y = Y$ であるとする．このとき，$x \in X$ ならば，$x \in X \cup Y = Y$，すなわち，$x \in Y$ である．以上から，$x \in X$ ならば $x \in Y$ であることが得られ，したがって，$X \subset Y$ が成り立つ．

上記の例題 3.1.20 は，証明が簡単なので，違いがわかりにくいが，複雑な状況になればなるほど差違が出てくる．

定義 3.1.21（共通部分，和集合） Λ を集合（添字の集合）とし，各 λ に対して，集合 X_λ が与えられているものとする*．このとき，

(1) $$\bigcap_{\lambda \in \Lambda} X_\lambda := \{ x \,;\, \forall \lambda \in \Lambda \text{ について } x \in X_\lambda \}$$

と書いて，$X_\lambda \,(\lambda \in \Lambda)$ の **共通部分** という．

(2) $$\bigcup_{\lambda \in \Lambda} X_\lambda := \{ x \,;\, \exists \lambda \in \Lambda \text{ について } x \in X_\lambda \}$$

と書いて，$X_\lambda \,(\lambda \in \Lambda)$ の **和集合** という．

注意 3.1.22 $\Lambda = \mathbb{N} = \{1, 2, 3, \cdots\}$ のときは

$$\bigcap_{\lambda \in \Lambda} X_\lambda \text{ のことを} \bigcap_{i=1}^{\infty} X_i$$

$$\bigcup_{\lambda \in \Lambda} X_\lambda \text{ のことを} \bigcup_{i=1}^{\infty} X_i$$

と書く．

---

* 集合 $X_\lambda \,(\lambda \in \Lambda)$ の集まり（集合族）を記号で $\{X_\lambda\}_{\lambda \in \Lambda}$ と表すことも多い．この表現を用いると，ここでの仮定は "**集合族** $\{X_\lambda\}_{\lambda \in \Lambda}$ **が与えられているものとする**" と書ける．

定理 3.1.23 (分配律) 集合 X_λ $(\lambda \in \Lambda)$ と集合 Y が与えられているとき，次が成り立つ．

(1) $\left(\displaystyle\bigcap_{\lambda \in \Lambda} X_\lambda\right) \cup Y = \displaystyle\bigcap_{\lambda \in \Lambda} (X_\lambda \cup Y)$

(2) $\left(\displaystyle\bigcup_{\lambda \in \Lambda} X_\lambda\right) \cap Y = \displaystyle\bigcup_{\lambda \in \Lambda} (X_\lambda \cap Y)$

証明

(a)

$$
\begin{aligned}
\left(\bigcap_{\lambda \in \Lambda} X_\lambda\right) \cup Y &\stackrel{\text{"}\cap\text{"の定義}}{=} \{x; \forall \lambda \in \Lambda \text{ について } x \in X_\lambda\} \cup Y \\
&\stackrel{\text{"}\cup\text{"の定義}}{=} \{x; (\forall \lambda \in \Lambda \text{ について } x \in X_\lambda) \text{ あるいは } x \in Y\} \\
&\stackrel{\substack{\text{第 2 章の章末問題} \\ \text{の [7] (1)}}}{=} \{x; \forall \lambda \in \Lambda \text{ について } (x \in X_\lambda \text{ あるいは } x \in Y)\} \\
&\stackrel{\text{"}\cup\text{"の定義}}{=} \{x; \forall \lambda \in \Lambda \text{ について } x \in X_\lambda \cup Y\} \\
&\stackrel{\text{"}\cap\text{"の定義}}{=} \bigcap_{\lambda \in \Lambda} (X_\lambda \cup Y).
\end{aligned}
$$

(b)

$$
\begin{aligned}
\left(\bigcup_{\lambda \in \Lambda} X_\lambda\right) \cap Y &\stackrel{\text{"}\cup\text{"の定義}}{=} \{x; \exists \lambda \in \Lambda \text{ について } x \in X_\lambda\} \cap Y \\
&\stackrel{\text{"}\cap\text{"の定義}}{=} \{x; (\exists \lambda \in \Lambda \text{ について } x \in X_\lambda) \text{ かつ } x \in Y\} \\
&\stackrel{\substack{\text{第 2 章の章末問題} \\ \text{の [7] (2)}}}{=} \{x; \exists \lambda \in \Lambda \text{ について } (x \in X_\lambda \text{ かつ } x \in Y)\} \\
&\stackrel{\text{"}\cap\text{"の定義}}{=} \{x; \exists \lambda \in \Lambda \text{ について } x \in X_\lambda \cap Y\} \\
&\stackrel{\text{"}\cup\text{"の定義}}{=} \bigcup_{\lambda \in \Lambda} (X_\lambda \cap Y).
\end{aligned}
$$

□

注意 3.1.24 (空集合の性質)　定義より明らかに
  (1)　$X \cap \emptyset = \emptyset \cap X = \emptyset$
  (2)　$X \cup \emptyset = \emptyset \cup X = X$
である．

定義 3.1.25 (互いに素)　Λ を集合（添字の集合）とし，各 λ に対して，集合 X_λ が与えられているものとする．このとき
$$\lambda \neq \mu \ (\lambda, \mu \in \Lambda) \ \text{ならば} \ X_\lambda \cap X_\mu = \emptyset$$
を満たすならば，集合族 $\{X_\lambda\}_{\lambda \in \Lambda}$ は**互いに素** (mutually disjoint) であるという．

定義 3.1.26 (差集合)　集合 X, Y に対して，
$$\boldsymbol{X - Y} := \{x; x \in X \ \text{かつ} \ x \notin Y\}$$
とおいて**差集合** (difference set) という．

注意 3.1.27　$-$ を少し斜めにして，$X - Y$ のことを，$X \smallsetminus Y$ と書く流儀もある．

定理 3.1.28　集合 A, X, Y に対して，次が成り立つ．
  (1)　$X = (X \cap A) \cup (X - A)$
  (2)　$X - A = (X \cup A) - A$
  (3)　$(X - Y) \cap A = (X \cap A) - (Y \cap A)$

証明
(1)　$(X \cap A) \cup (X - A)$
$\underset{\text{差集合の定義}}{\overset{\text{"$\cap$" の定義と}}{=}} \{x; x \in X \ \text{かつ} \ x \in A\} \cup \{x; x \in X \ \text{かつ} \ x \notin A\}$
$\underset{}{\overset{\text{"$\cup$" の定義}}{=}} \{x; (x \in X \ \text{かつ} \ x \in A) \ \text{あるいは} \ (x \in X \ \text{かつ} \ x \notin A)\}$

3.1 集合

$$\stackrel{論理の分配律}{=} \{x; x \in X \text{ かつ } (x \in A \text{ あるいは } x \notin A)\}$$

$$\stackrel{"\notin" \text{の定義}}{=} \{x; x \in X \text{ かつ } (x \in A \text{ あるいは } (x \in A \text{ でない}))\}$$

$$\stackrel{\text{論理の排中律と}}{\underset{=}{\text{定理 1.7.3(1)}}} \{x; x \in X\}$$

$$= X.$$

(2) $(X \cup A) - A$

$$\stackrel{"\cup" \text{の定義}}{=} \{x; x \in X \text{ あるいは } x \in A\} - A$$

$$\stackrel{\text{差集合の定義}}{=} \{x; (x \in X \text{ あるいは } x \in A) \text{ かつ } x \notin A\}$$

$$\stackrel{論理の分配律}{=} \{x; (x \in X \text{ かつ } x \notin A) \text{ あるいは } (x \in A \text{ かつ } x \notin A)\}$$

$$\stackrel{"\notin" \text{の定義}}{=} \{x; (x \in X \text{ かつ } x \notin A)$$
$$\qquad\qquad \text{あるいは } (x \in A \text{ かつ } (x \in A \text{ でない}))\}$$

$$\stackrel{\text{論理の矛盾律と}}{\underset{=}{\text{定理 1.7.3(2)}}} \{x; x \in X \text{ かつ } x \notin A\}$$

$$\stackrel{\text{差集合の定義}}{=} X - A.$$

(3) $(X \cap A) - (Y \cap A)$

$$\stackrel{\text{差集合の定義}}{=} \{x; x \in X \cap A \text{ かつ } (x \in Y \cap A \text{ でない})\}$$

$$\stackrel{"\cap" \text{の定義}}{=} \{x; x \in X \cap A \text{ かつ } ("x \in Y \text{ かつ } x \in A" \text{ でない})\}$$

$$\stackrel{\text{論理のド・モルガンの}}{\underset{=}{\text{法則と "}\notin\text{" の定義}}} \{x; x \in X \cap A \text{ かつ } (x \notin Y \text{ あるいは } x \notin A)\}$$

$$\stackrel{論理の分配律}{=} \{x; (x \in X \cap A \text{ かつ } x \notin Y)$$
$$\qquad\qquad \text{あるいは } (x \in X \cap A \text{ かつ } x \notin A)\}$$

$$\stackrel{\text{論理の分配律と}}{\underset{=}{"\cap" \text{の定義}}} \{x; (x \in X \text{ かつ } x \in A \text{ かつ } x \notin Y)$$
$$\qquad\qquad \text{あるいは } (x \in X \text{ かつ } x \in A \text{ かつ } (x \in A \text{ でない}))\}$$

$$\stackrel{\text{論理の矛盾律と}}{\underset{=}{\text{定理 1.7.3 (2)}}} \{x; x \in X \text{ かつ } x \in A \text{ かつ } x \notin Y\}$$

$$\stackrel{論理の交換律}{=} \{x; x \in X \text{ かつ } x \notin Y \text{ かつ } x \in A\}$$

$$\stackrel{"\cap" \text{の定義}}{=} \{x; (x \in X \text{ かつ } x \notin Y)\} \cap A$$

$$\stackrel{\text{差集合の定義}}{=} (X - Y) \cap A. \quad \square$$

注意 3.1.29 X と Y の **対称差集合** (symmetric difference set)
$$X \triangle Y := (X - Y) \cup (Y - X)$$
というのもあるが,あまりポピュラーではない.

はちべぇ:「ポピュラーでないのに書いたのは,もしかして,くまさんの趣味?」
くまさん:「すみません,書きたかったんです*.」

書きたかったんです

定義 3.1.30 (直積集合) n 個の集合 X_i $(i = 1, \cdots, n)$ があったとき,X_i の要素 x_i を順番に並べた組 $(x_1, \cdots, x_n)$ を考える.このような組の全体
$$\{(x_1, \cdots, x_n) ; x_i \in X_i \ (i = 1, \cdots, n)\}$$
を,X_i $(i = 1, \cdots, n)$ の **直積集合** ((direct) product set),あるいは単に,**直積** (direct product) と呼んで,
$$X_1 \times \cdots \times X_n$$
と表す.

例 3.1.31 (実数の直積集合) 実数全体の集合 $\mathbb{R}$ どうしの直積 $\mathbb{R} \times \mathbb{R}$ を $\mathbb{R}^2$ と略記する.すなわち,
$$\mathbb{R}^2 = \mathbb{R} \times \mathbb{R} = \{(x, y); x, y \in \mathbb{R}\}$$
このとき,x, y をそれぞれ x 座標, y 座標と見れば,$\mathbb{R}^2$ は平面上の点と対応している.

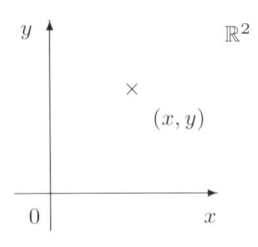

---

* 章末の演習問題 [6] とその略解も参照.

3.1 集合

同様に，
$$\mathbb{R}^3 = \mathbb{R} \times \mathbb{R} \times \mathbb{R}$$
は空間上の点と同一視できる．さらに，n 個の直積についても
$$\mathbb{R}^n = \underbrace{\mathbb{R} \times \cdots \times \mathbb{R}}_{n\text{ 個}}$$
と書くが，これは，n 次元ユークリッド空間の点と対応している．

さて，ここから以降は，「全体集合」という枠組みを一つ固定したときの概念や性質を扱う．

定義 3.1.32 (全体集合，補集合)
(1) 枠組みとなる集合を 1 つ固定して，扱う集合をその部分集合に限るとき，その枠組みとなる集合を**全体集合**[*]という．
(2) 全体集合 Ω[**]が定まっているとき，Ω の部分集合 X に対して
$$X^c := \Omega - X$$
を X の**補集合** (**complement**) という．

注意 3.1.33 あらためて書くまでもないことだが，定義から明らかに，
$$X^c = \{x \in \Omega \, ; \, x \notin X\} = \{x \in \Omega \, ; \, x \in X \text{ ではない}\}$$
である．言いかえると，$x \in \Omega$ に対して，
$$x \in X \text{ ではない} \quad \Leftrightarrow \quad x \notin X \quad \Leftrightarrow \quad x \in X^c$$
である．

注意 3.1.34 定義より明らかに
(1) $X \cap X^c = X^c \cap X = \emptyset$
(2) $X \cup X^c = X^c \cup X = \Omega$
(3) $(X^c)^c = X$
である．

---

[*] 「全体集合」という文字を思わず，「全**員**集合」と読んでしまう世代がいます．もちろん，ドリフターズ（コメディアンの方）の全盛期に，多感な少年時代を過ごしたことは言うまでもありません．

[**] Ω はギリシャ語のアルファベットの最後の文字で，「オメガ」と読む．(巻末の「ギリシャ文字の一覧表」を参照のこと．)

> **注意 3.1.35** 全体集合 Ω の部分集合 X, Y に対しては，前出の「差集合」，「対称差集合」は，補集合を用いると，以下のように書ける．
> $$X - Y = X \cap Y^c$$
> $$X \triangle Y = (X \cap Y^c) \cup (X^c \cap Y)$$

> **定理 3.1.36 (ド・モルガンの法則)** 全体集合 Ω の部分集合 X, Y に対して，
> (1) $(X \cap Y)^c = X^c \cup Y^c$
> (2) $(X \cup Y)^c = X^c \cap Y^c$

証明

(1) $(X \cap Y)^c \stackrel{\text{補集合の定義}}{=} \{x \in \Omega \, ; \, x \in (X \cap Y) \text{ でない}\}$

$\stackrel{\text{"$\cap$" の定義}}{=} \{x \in \Omega \, ; \, \text{"$x \in X$ かつ $x \in Y$" でない}\}$

$\stackrel{\substack{\text{論理の}\\ \text{ド・モルガンの法則}}}{=} \{x \in \Omega \, ; \, x \in X \text{ でない, または, } x \in Y \text{ でない}\}$

$\stackrel{\text{"$\cup$" の定義}}{=} \{x \in \Omega \, ; \, x \in X \text{ でない}\}$
$\qquad\qquad \cup \{x \in \Omega \, ; \, x \in Y \text{ でない}\}$

$\stackrel{\text{補集合の定義}}{=} X^c \cup Y^c.$

(2) $(X \cup Y)^c \stackrel{\text{補集合の定義}}{=} \{x \in \Omega \, ; \, x \in (X \cup Y) \text{ でない}\}$

$\stackrel{\text{"$\cup$" の定義}}{=} \{x \in \Omega \, ; \, \text{"$x \in X$ または $x \in Y$" でない}\}$

$\stackrel{\substack{\text{論理の}\\ \text{ド・モルガンの法則}}}{=} \{x \in \Omega \, ; \, x \in X \text{ でない, かつ, } x \in Y \text{ でない}\}$

$\stackrel{\text{"$\cap$" の定義}}{=} \{x \in \Omega \, ; \, x \in X \text{ でない}\} \cap \{x \in \Omega \, ; \, x \in Y \text{ でない}\}$

$\stackrel{\text{補集合の定義}}{=} X^c \cap Y^c.$ $\square$

> **定理 3.1.37 (ド・モルガンの法則)** 全体集合 Ω の部分集合 X, Y に対して，
> (1) $\left(\bigcap_{\lambda \in \Lambda} X_\lambda \right)^c = \bigcup_{\lambda \in \Lambda} X_\lambda{}^c$
> (2) $\left(\bigcup_{\lambda \in \Lambda} X_\lambda \right)^c = \bigcap_{\lambda \in \Lambda} X_\lambda{}^c$

3.1 集合

証明

(1) $\left(\bigcap_{\lambda \in \Lambda} X_\lambda\right)^c \stackrel{\text{補集合の定義}}{=} \{x \in \Omega \,;\, x \in \bigcap_{\lambda \in \Lambda} X_\lambda \text{ でない}\}$

$\stackrel{\text{"}\cap\text{"の定義}}{=} \{x \in \Omega \,;\, \text{"}\forall \lambda \in \Lambda \text{ について } x \in X_\lambda\text{" でない}\}$

$\stackrel{\substack{\text{論理の}\\\text{ド・モルガンの法則}}}{=} \{x \in \Omega \,;\, \exists \lambda \in \Lambda \text{ について } x \in X_\lambda \text{ でない}\}$

$\stackrel{\text{補集合の定義}}{=} \{x \in \Omega \,;\, \exists \lambda \in \Lambda \text{ について } x \in X_\lambda{}^c\}$

$\stackrel{\text{"}\cup\text{"の定義}}{=} \bigcup_{\lambda \in \Lambda} X_\lambda{}^c.$

(2) $\left(\bigcup_{\lambda \in \Lambda} X_\lambda\right)^c \stackrel{\text{補集合の定義}}{=} \{x \in \Omega \,;\, x \in \bigcup_{\lambda \in \Lambda} X_\lambda \text{ でない}\}$

$\stackrel{\text{"}\cup\text{"の定義}}{=} \{x \in \Omega \,;\, \text{"}\exists \lambda \in \Lambda \text{ について } x \in X_\lambda\text{" でない}\}$

$\stackrel{\substack{\text{論理の}\\\text{ド・モルガンの法則}}}{=} \{x \in \Omega \,;\, \forall \lambda \in \Lambda \text{ について } x \in X_\lambda \text{ でない}\}$

$\stackrel{\text{補集合の定義}}{=} \{x \in \Omega \,;\, \forall \lambda \in \Lambda \text{ について } x \in X_\lambda{}^c\}$

$\stackrel{\text{"}\cap\text{"の定義}}{=} \bigcap_{\lambda \in \Lambda} X_\lambda{}^c.$ □

── 再び,実戦的アドバイス ──

集合 X, Y に対して,$X = Y$ であることを証明するには,
地道に,$X \subset Y$ かつ $Y \subset X$ であること

$\begin{pmatrix} \text{すなわち} \\ \text{"}x \in X \;\Rightarrow\; x \in Y\text{" であること} \\ \text{および} \\ \text{"}x \in Y \;\Rightarrow\; x \in X\text{" であること} \end{pmatrix}$

を示せば良いことに注意すること[*]. これは今さら言うまでもなく,当たり前のことであるが,簡単な場合はともかく,実際の運用では,**等式のまま変形して証明しようと試み,悪戦苦闘**している人が少なくないことを注意しておく.

---

[*] こういうのって,人から言われたら当たり前に感じるんですが,自分が実際に証明する段になると,とまどっている人が少なくないです.ちょうど,「難しい漢字は読めるけど,実際に書こうとすると書けない」という状態に似ています.

3.2 写 像

> **定義 3.2.1 (写像, 定義域, 像)**　X, Y を集合とする. $\forall x \in X$ に対して, $\exists y \in Y$ をただ一つ対応させる規則 f が与えられたとき, f を X から Y への写像 (map) と呼び,
> $$f : X \to Y$$
> と表す. また, x が f により y に対応しているとき,
> $$y = f(x)$$
> と書く. このとき, y を
> $$x\text{ の } f \text{ による像 (image)}$$
> という. また, X を
> $$f \text{ の定義域 (domain}^*\text{)}$$
> といい, $f(X) := \{f(x) \,;\, x \in X\}^{**}$ を
> $$f \text{ の値域 (range)}$$
> と呼ぶ.

> **注意 3.2.2**　X の部分集合 A に対して, $f(A) := \{f(x) \,;\, x \in A\}$ を, **A の f による像**という. したがって, **値域** とは, **定義域 X の f による像**に他ならない.

> **定義 3.2.3 (関数)**　値域が数の集合 (例えば $\mathbb{R}, \mathbb{C}$ の部分集合) である写像のことを関数 (function) と呼ぶ. (実際は, 写像と同じ意味に用いられることも多い.) 関数 $y = f(x)$ に対しては, x を変数 (variable), y を値 (value) と呼ぶこともある.

---

[*] domain には,「領域 (= 連結開集合)」という意味もあり, こちらの方の意味でよく用いられる.

[**] 一般に "$A := B$" とは,「A を B で定義する」の意味. コロン (:) は, 定義される方がどちらかを表しているので, $B =: A$ という書き方も可能である. $A := B$ の代わりに, $A \stackrel{def}{=} B$ を使用することも多い. これらは, 数学では, よく用いられる記号なので, 慣れておくこと.

3.2 写像

定義 3.2.4 (単射, 全射, 全単射) 写像 $f: X \to Y$ に対して,

(1) f が**単射** (injection) であるとは,
$$f(x_1) = f(x_2) \text{ ならば } x_1 = x_2 \quad (x_1, x_2 \in X)$$
が成り立つことをいう[*].

(2) f が**全射** (surjection) であるとは,

(#) 任意の $y \in Y$ に対して, ある $x \in X$ があって $f(x) = y$

が成り立つことをいう[**]. 言いかえると, f が全射であるとは,
$$f(X) = Y$$
が成り立つことに他ならない[†].

(3) f が**全単射** (bijection) であるとは,
$$f \text{ が 単射 かつ 全射}$$
であることをいう[††].

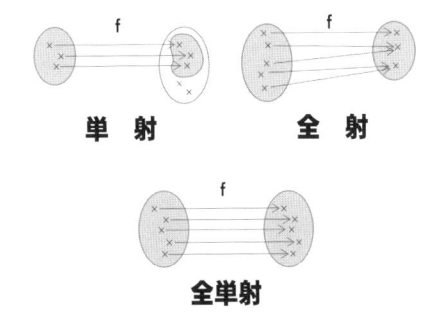

単 射　　**全 射**

全単射

---

[*] このとき, 記号で $f: X \rightarrowtail Y$ と書く流儀もある. (あまり使われることはないが.) また, $X \subset Y$ のとき, X の各要素 x を Y の要素と見て, x 自身に対応させる X から Y への写像 (すなわち, $f(x) = x$) を, **包含写像** (inclusion map, あるいは単に, inclusion) と呼び, $f: X \hookrightarrow Y$ と書く. (こちらはよく用いられる記号である.) 特に, $X = Y$ のときが, 後出の「恒等写像」(定義 3.2.17) に他ならない.

[**] このとき, 記号で $f: X \twoheadrightarrow Y$ と書く流儀もある (が, あまり使われない).

[†] 像 $f(X)$ の定義 (定義 3.2.1) より, (#) は $f(X) \supset Y$ であることを意味している. 一方, $f(X) \subset Y$ は常に成り立つから, 結局, (#) は $f(X) = Y$ であることと同値である.

[††] このとき, 記号で $f: X \rightarrowtail\!\!\!\!\twoheadrightarrow Y$ と書くこともある. (これも用いられることは少ない. ← そんなら書くなよ.)

注意 3.2.5 「単射」と「全射」は，実は，**双対的** (dual) な概念である（注意 3.2.19）．

愛車のスーパー流星号 → それは単車や

定義 3.2.6 (逆写像) 写像 $f: X \to Y$ に対して，f が**全単射であるならば**，$\forall y \in Y$ に対して $\exists x \in X$ がただ 1 つ存在して，$y = f(x)$ となるから，y に対して x を対応させる逆対応で，Y から X への写像が定義される．これを f の**逆写像** (inverse map) と呼び，
$$f^{-1}: Y \to X$$
と表す[*]．

注意 3.2.7 写像 f の逆写像 f^{-1} が存在するとき，$x_0 \in X$ と $y_0 \in Y$ に対して，$y_0 = f(x_0)$ であることと $x_0 = f^{-1}(y_0)$ であることが同値であることは，定義から明らかである．

定義 3.2.8 (逆像) 写像 $f: X \to Y$ について，
(1) $B \subset Y$ に対して，
$$f^{-1}(B) := \{x \in X \ ; \ f(x) \in B\}$$
とおいて，B の f による**逆像** (inverse image) と呼ぶ．
(2) $y \in Y$ に対して，
$$f^{-1}(y) := f^{-1}(\{y\})^{**}$$
とおいて，y の f による逆像と呼ぶ．

---

[*] 記号 f^{-1} は「エフ・インバース」と読む．
[**] この記号は，どう見ても混乱のもとなのであるが，はじめに免疫をつけておいた方が良いかもね．

3.2 写像

注意 3.2.9 逆像 $f^{-1}(B)$ は，これで一つの記号である．「逆像」と「逆写像」を決して混同しないこと!! 例えば，同じ記号 $f^{-1}(y)$ であっても，「逆像」は集合だが，「逆写像 f^{-1} による y の像」は要素である．（もちろん，逆像は常に存在するが，**逆写像が考えられるのは全単射のときのみ**である．）似たような記号で混乱のもとであるが，慣習なのであきらめよう．

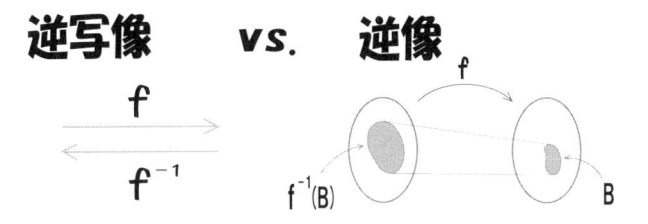

逆写像 vs. 逆像

注意 3.2.10 写像 $f: X \to Y$，および，部分集合 $A_1, A_2 \subset X, B_1, B_2 \subset Y$ に対して，定義から明らかに次が成り立つ．
(1) $A_1 \subset A_2$ ならば $f(A_1) \subset f(A_2)$
(2) $B_1 \subset B_2$ ならば $f^{-1}(B_1) \subset f^{-1}(B_2)$

定理 3.2.11 写像 $f: X \to Y$ と，X の部分集合 A, B，および，Y の部分集合 C, D に対して次が成り立つ．
(1) $f(A \cap B) \subset f(A) \cap f(B)$
(2) $f(A \cup B) = f(A) \cup f(B)$
(3) $f^{-1}(C \cap D) = f^{-1}(C) \cap f^{-1}(D)$
(4) $f^{-1}(C \cup D) = f^{-1}(C) \cup f^{-1}(D)$

注意 3.2.12 上の定理 3.2.11 の (1) では，一般には等号にならない．

$\boxed{\text{等号にならない例}}$ $X = \{1, 2, 3\}, Y = \{1, 2\}$ として，
写像 $f: \{1, 2, 3\} \to \{1, 2\}$
を

$$f(1)=1,\ f(2)=2,\ f(3)=1$$
と定める．このとき，$A=\{1,2\}$，$B=\{2,3\}$ に対して，
$A\cap B=\{2\}$ より $f(A\cap B)=\{2\}$,
$f(A)=f(B)=\{1,2\}$ より $f(A)\cap f(B)=\{1,2\}$
となり，$f(A\cap B)\neq f(A)\cap f(B)$ である．

定理 3.2.11 の証明 まず，定義から明らかに，

$(*)$ $\qquad\qquad\qquad A\subset B$ ならば $f(A)\subset f(B)$

であることに注意しておく．
(1) $A\cap B\subset A$ であるから，$(*)$ より $f(A\cap B)\subset f(A)$ である．同様に，$A\cap B\subset B$ であるから，$(*)$ より $f(A\cap B)\subset f(B)$ である．したがって，$f(A\cap B)\subset f(A)\cap f(B)$ である．
(2) $A\subset A\cup B$ であるから，$(*)$ より $f(A)\subset f(A\cup B)$ である．同様に，$B\subset A\cup B$ であるから，$(*)$ より $f(B)\subset f(A\cup B)$ である．したがって，$f(A)\cup f(B)\subset f(A\cup B)$ である．逆の包含関係を示そう．

$\qquad y\in f(A\cup B)$
$\Rightarrow$
$\qquad \exists x$ があって $x\in A\cup B$ かつ $f(x)=y$ である
$\Rightarrow$
$\qquad \exists x$ があって，$(x\in A$ または $x\in B)$ かつ $f(x)=y$ である
$\overset{\text{分配律}}{\Rightarrow}$
$\qquad \exists x$ があって，
$\qquad (x\in A$ かつ $f(x)=y)$ または $(x\in B$ かつ $f(x)=y)$ である
$\overset{\text{定理 2.4.10(1)}}{\Rightarrow}$
$\qquad \exists x\in A$ があって $f(x)=y$ であるか，または，
$\qquad \exists x\in B$ があって $f(x)=y$ である
$\Rightarrow$
$\qquad y\in f(A)$ または $y\in f(B)$
$\Rightarrow$
$\qquad y\in f(A)\cup f(B)$

したがって，$f(A\cup B)\subset f(A)\cup f(B)$ となる．

(3)
$$x \in f^{-1}(C \cap D)$$
$\Leftrightarrow$
$$f(x) \in C \cap D$$
$\Leftrightarrow$
$$f(x) \in C \text{ かつ } f(x) \in D$$
$\Leftrightarrow$
$$x \in f^{-1}(C) \text{ かつ } x \in f^{-1}(D)$$
$\Leftrightarrow$
$$x \in f^{-1}(C) \cap f^{-1}(D)$$
となり，$f^{-1}(C \cap D) = f^{-1}(C) \cap f^{-1}(D)$ が示された．

(4)
$$x \in f^{-1}(C \cup D)$$
$\Leftrightarrow$
$$f(x) \in C \cup D$$
$\Leftrightarrow$
$$f(x) \in C \text{ あるいは } f(x) \in D$$
$\Leftrightarrow$
$$x \in f^{-1}(C) \text{ あるいは } x \in f^{-1}(D)$$
$\Leftrightarrow$
$$x \in f^{-1}(C) \cup f^{-1}(D)$$
となり，$f^{-1}(C \cup D) = f^{-1}(C) \cup f^{-1}(D)$ が示された． □

定義 3.2.13 (合成写像) 写像 $f\colon X \to Y$，$g\colon Y \to Z$ (f の値域 $\subset g$ の定義域) に対して，写像 $h\colon X \to Z$ が，
$$h(x) := g(f(x))$$
で定義される．この h を f と g の **合成写像** と呼び，$\boldsymbol{g \circ f}$ で表す．

注意 3.2.14 写像が関数のとき，合成写像，逆写像はそれぞれ，**合成関数**，**逆関数** と呼ぶ．

注意 3.2.15 (写像の合成に関する結合律) 写像 $f\colon X \to Y$, $g\colon Y \to Z$, $h\colon Z \to W$ に対して,
$$(h \circ g) \circ f = h \circ (g \circ f)$$
が成り立つ. そこで, これらを $h \circ g \circ f$ と表す.

注意 3.2.16 写像 $f\colon X \to Y$, $g\colon Y \to Z$ に対して, 次が成り立つ.
 (1) $g \circ f$ が単射ならば f は単射である.
 (2) $g \circ f$ が全射ならば g は全射である.
それぞれの対偶命題を考えれば, 成り立つことは定義から明らかである.

定義 3.2.17 (恒等写像) 集合 X に対して, 写像 $f\colon X \to X$ が
$$f(x) = x \quad \text{for } \forall x \in X$$
を満たすとき, f を X 上の**恒等写像** (identity map) といい,
$$\mathrm{id}_X \quad \text{あるいは} \quad 1_X$$
$$\begin{pmatrix} \text{あるいは } X \text{ を省略して} \\ \mathrm{id} \quad \text{あるいは} \quad 1 \end{pmatrix}$$
と書くことが多い.

注意 3.2.18 写像 $f\colon X \to Y$ に対して, 次は同値である.
 (1) f が, 逆写像をもつ.
 (2) $g\colon Y \to X$ が存在して,
$$\begin{cases} g \circ f = \mathrm{id}_X \\ f \circ g = \mathrm{id}_Y \end{cases}$$
  を満たす. (このとき, $g = f^{-1}$ である.)

注意 3.2.19 注意 3.2.5 で, 「単射」と「全射」は双対的な概念であるということに触れたが, 先の定義 3.2.4 からは, そのあたりのことは見えてこない. 実は, 双対性 (duality) を示す, 次のような特徴づけがある.

3.2 写像

写像 $f: X \to Y$ に対して，
(1) (**左逆写像の存在**) f が**単射**であるための必要十分条件は，
$$\exists g: Y \to X \quad \text{s.t.} \quad g \circ f = \mathrm{id}_X$$
となる写像が存在することである．
(2) (**右逆写像の存在**) f が**全射**であるための必要十分条件は，
$$\exists g: Y \to X \quad \text{s.t.} \quad f \circ g = \mathrm{id}_Y$$
となる写像が存在することである．

問 上の注意 3.2.19 において，「(1) の**必要十分条件であること**」と，「(2) の**十分条件であること**」を証明せよ．

証明 (1) f は単射であるとする．$x_0 \in X$ を 1 つとり固定し，写像 g を次のように定義する．

$$(*) \qquad g(y) = \begin{cases} x & (y \in f(X) \text{ のとき}) \\ x_0 & (y \notin f(X) \text{ のとき}) \end{cases}$$

ただし，$y \in f(X)$ のときの x は $f(x) = y$ を満たす $x \in X$ とする．(f は単射であることから，各 $y \in f(X)$ ごとに，このような x はただ **1 つ存在する**[*].) このとき，定義より，$(g \circ f)(x) = x \, (\forall x \in X)$，すなわち，$g \circ f = \mathrm{id}_X$ となる．逆に，$g \circ f = \mathrm{id}_X$，すなわち，$(g \circ f)(x) = x \, (\forall x \in X)$ とする．このとき，$f(x_1) = f(x_2)$ ならば $x_1 = (g \circ f)(x_1) = g(f(x_1)) = g(f(x_2)) = (g \circ f)(x_2) = x_2$ となり，f は単射である．
(2) $f \circ g = \mathrm{id}_Y$，すなわち，$(f \circ g)(y) = y \, (\forall y \in Y)$ とする．このとき，$\forall y \in Y$ に対して，$y = (f \circ g)(y) = f(g(y))$ であるから，y は $g(y)$ の f による像である．したがって，f は全射である． □

ちなみに，**(2) の必要条件**については，写像 g を定義するために，各 $y \in Y$ について，$f^{-1}(y)$ の中から X の要素 x_y を 1 つ取ってきて $g(y) = x_y$ と定める必要がある．**どんな集合 X, Y に対しても，「各 $y \in Y$ に対して，ある**

---

[*] 「**一意的に存在する**」ともいう．これは，数学でよく出てくる言い回しである．また，このことにより，g は，矛盾なく定義されていることがわかる．一般に，「とりあえず定義をしたが，それがちゃんと矛**盾なく定義されている状態であること**」を **well-defined** と呼ぶ．これも数学では，よく出てくる言い回しである．ただ，well-defined には，今のところ適切な和訳はない．

$x_y \in X$ をいっせいに選び出せること」を保証する**選択公理**[*]というものが必要となる.

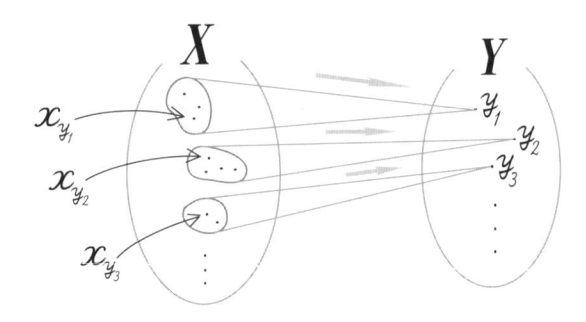

3.3 濃度のはなし

はちべぇ：「『濃度』の話だって？」
くまさん：「そうなんだ．そのために導入部を少しね．」
はちべぇ：「やはり，**リトマス試験紙**かなんかで？」
くまさん：「『**ペーハー濃度**』ってか．その濃度じゃない．言っとくけど，『**大気中の二酸化窒素の濃度**』でもないからな．」
はちべぇ：「….」
くまさん：「もしかして，図星だったか．べたべたのボケねたで来ると思ってたんだ．」

くまさん：「以前なにかで読んだことがあるんだけど，アフリカかどこかのある民族は，数を表す言葉が，"1" と "2" しかないらしい．」
はちべぇ：「私も聞いたことあるよ．」
くまさん：「だから，"3" 以上のものは，すべて『**たくさん**』らしい．」
はちべぇ：「『**たくさん**』は，みな同じかぁ．それなら私のポケットに入ってる "**たくさん**" のコインと，君の財布の "**たくさん**" のお札を交換しよう．」

---

[*] 人間が実際に扱える対象は有限集合であって，無限集合は，**認知**はしていますが，**把握**しているわけではありません．数学で作られるような**巨大な集合**なら，なおさらです．（定義や名称など，単にラベルを貼っただけで，その対象を理解していると考えるのは，**大いなる幻想**です．）そうした**人知のおよばない**，「どんな集合に対しても，"**いっせいに選び出せる**"」という**超限的な**主張は，言わば，"**神の原理**" です．「**選択公理**」もそうした主張の 1 つですが，数学では通常は，成り立つことを認めて話を進めていきます．

3.3 濃度のはなし

くまさん：「（無視して）そういう，大きな数の概念が生まれてこなかったというのは，必要がなかったということで，世知辛いことのない，**とても豊かな文化なのかもしれない．**」

はちべぇ：「確かに，そうかもしれないなぁ．そういう概念を知ったおかげで，点数に苦しみ，計算に追われ，変な尺度が数字として，まかり通る世の中になってしまったのだからね．」

くまさん：「"1" が『私』で，"2" が『あなたと私』．そして，『家族一同』が "たくさん" なんて考えると，とっても優雅でロマンチックじゃないか．」

はちべぇ：「なんか，思い入れちゃってるね，**独身のくまさん．**」

くまさん：「まぁ，"3" 以上の数を知ったおかげで，素数の不思議な世界なんかもかいま見ることができて，別の幸せもあるからね．いいんだよ，それで，いいんだ，いいんだ．」

はちべぇ：「なんか，ひっかかってるな〜．**"2" の相手を早く見つければいいんじゃない．**」

お友達からお願いします・・・

くまさん：「我々は 3 以上の数の数え方を知っている．」
はちべぇ：「"3" だと三角関係かぁ〜．」
くまさん：「こらこら，また，むし返そうとしとるな．」
はちべぇ：「"4" 以上は恥ずかしくて言えません．」
くまさん：「何を考えとるんだ？ 話を戻すぞ．数えられないほど多くなったら，我々は『無限』という言葉を使う．」
はちべぇ：「『限りなく』とか『無数の』とかね．」
くまさん：「言い方は違っても，要するに『無限』という一つの抽象的な概念だ．」
はちべぇ：「確かに．」
くまさん：「でも，本当に，全部まとめて『無限』と言ってしまって良いのだろうか．」
はちべぇ：「悪いの？」
くまさん：「『1, 2, 3, · · · , 無限』というのは，さきほどの『1, 2, たくさん』とい

はちべぇ：「うのとあまり変わらないのではないだろうか.」
はちべぇ：「そうなの？」
くまさん：「実は，集合論の立場から我々の立場を見たら，そうなるんだよ.」
はちべぇ：「へぇ～.」
くまさん：「『無限』といってもいろいろある．さきほど『たくさん』が，"3 以上の数" に分化したように，集合論では，『無限』という抽象的概念をもう少し定量的に扱う必要がある．それが『濃度』の概念だ.」
はちべぇ：「ふ～ん.」
くまさん：「今言ったことを少しまとめておこう.」

① ある民族の立場

　　　$1, 2,$ たくさん

② 我々の立場　　↓「3 以上の数」が分化

　　　$1, 2, 3, 4, 5, \cdots,$ 無限

③ 集合論の立場　　↓「無限」の概念が分化

　　　$1, 2, 3, 4, 5, \cdots, \mathfrak{a}, \mathfrak{c}, \cdots$

はちべぇ：「$\mathfrak{a}$ とか $\mathfrak{c}$ って何なの？」
くまさん：「特別な "無限" のことだ．後で出てくるよ.」
くまさん：「ところで，『1, 2, たくさん』の概念しかない『ある民族』の立場の人が，"3" 以上のものを扱いたいとするとどうする？」
はちべぇ：「えっ，どういうこと？」
くまさん：「具体的には，例えば次の問題だ.」

問題　『1, 2, たくさん』しか表現できない，『ある民族』の立場の人が，30 頭の牛を朝に放牧し，夕方には囲いに戻すにはどうしたら良いか？（もちろん，夕方には 30 頭の牛が全部戻って来ていることを，確認する必要がある.）

3.3 濃度のはなし

はちべぇ：「そんなことできるの？」
くまさん：「数は数えられなくても，数の大小の区別はつけられるさ．**一対一対応**という手段を使ってね．例えば，次は一つの方法だ．」

|一つの解法| 小石*をたくさん手元に置いておき，朝，牛一頭を囲いから出すごとに，小石を一つ取り，ある場所に積んでおく．夕方，牛一頭を囲いに戻すごとに，積んである小石を一つ取り除いてもとに戻す．牛をすべて囲いに入れ終わったとき，積んである小石がなくなっていれば，朝にいた牛の数だけちゃんと囲いに戻ってきたことになるが，小石が残っていれば，まだ戻ってきていない牛がいることを示している．

上記の解法の原理

(A) 牛がすべて戻って来た場合

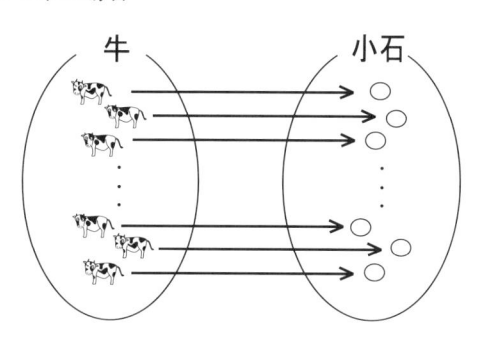

---

* 英語の calculus(微積分) や calculate(計算する) などは，ラテン語の calculus(小石) を語源にもっています．小石は，古代では重要な計算道具の1つであったことを物語っています．ちなみに，英語の calculus には，医学用語の「結石」という意味もあるようです．

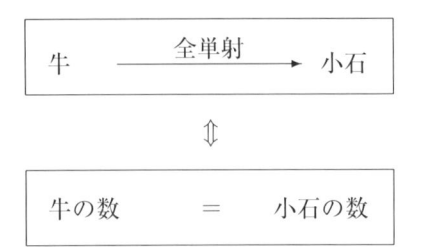

$$\boxed{\text{牛} \xrightarrow{\text{全単射}} \text{小石}}$$

$$\Updownarrow$$

$$\boxed{\text{牛の数} \quad = \quad \text{小石の数}}$$

(B) 戻ってきてない牛がいる場合

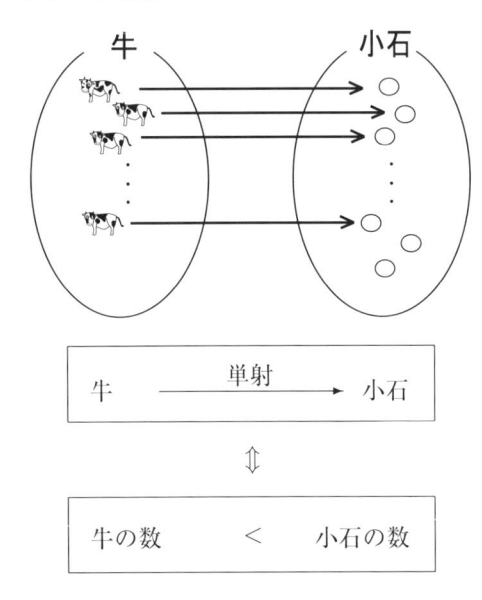

$$\boxed{\text{牛} \xrightarrow{\text{単射}} \text{小石}}$$

$$\Updownarrow$$

$$\boxed{\text{牛の数} \quad < \quad \text{小石の数}}$$

さて，3以上の数の概念をもたない「ある民族の立場」で，例えば，「5」という数字をとらえようとすると，基本はまず，対応関係

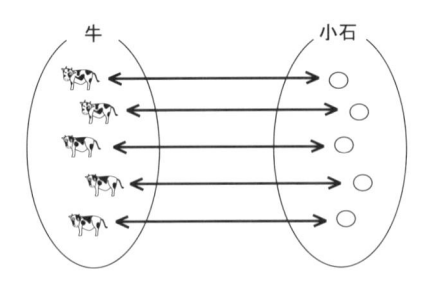

3.3 濃度のはなし

である．この図の「牛」や「小石」は，「机」でも，「自動車」でも，「サンドイッチ」でも，何でもよい．要するに，

(*) 　　一対一の対応関係，すなわち，全単射が存在することにより，「個数が同じ」という状態と定め，それをこの場合は「5」という記号で表現している

わけである．これにより，別の集合 E が与えられたとき，「5」を代表する集合 (上記の「5個の小石」，「5頭[*]の牛」，あるいは，「5冊の本」など，他の集合でもかまわない[**]．のどれかと全単射で対応づけることができれば，集合 E の要素の個数も「5」であることを知ることになる[†]．

以上で，①の「ある民族の立場」から，②の「我々の立場」への移行は，どのように，考えを推し進めていけば良いかがわかっただろう．これをふまえて，②の「我々の立場」から③の「集合論の立場」へ進むにはどうすれば良いか考えてみよう．それには，上記の (*) を，無限集合に対しても実行することである．これにより，①の「たくさん」が②の「3, 4, 5, · · ·」という概念に分かれたように，②の立場の「無限」は何種類もの無限に分かれていく．このようにして，有限集合に対する「個数」の概念を，一般の集合に拡張して定義したものを **濃度 (cardinal number)**[††] と呼ぶ．

もう少し詳しく説明しよう．「2つの集合の濃度が等しい」ということについて，上で述べた "牛の話" をふまえて次のように定める．

---

[*] 牛だと「5個」でなくて「5頭」と呼び，また，本だと「5冊」と言う慣習が，外国人の日本語学習を，より複雑なものにしている．

[**] 「指折り数える」という言葉にもあるように，自分の「指」の集合をとることも多いです．指は10本しかありませんが，11以上のものでも，「10進法の位取り」という手法を使って数えています．

[†] したがって，「個数」とは「**全単射が存在することを同値関係と見た同値類のこと**」であると言えます．その意味で，例えば，「5台の自動車」と「5個のサンドイッチ」を見たとき，対象の違いにもかかわらず，「5」という「個数」を認識するということは，日常の何気ない行為であるにもかかわらず，比較的高度な操作をおこなっていることになります．

[††] 「基数(きすう)」ともいう．(これも，cardinal number の和訳．)

> **定義 3.3.1 (濃度が等しい)** 集合 X, Y に対して
> $$\exists f : X \to Y : \textbf{全単射}$$
> が存在するとき[*],
> $$X \text{ の濃度と } Y \text{ の濃度が}\textbf{等しい}^{**}$$
> といい,
> $$X \text{ の濃度} = Y \text{ の濃度}$$
> と書く.

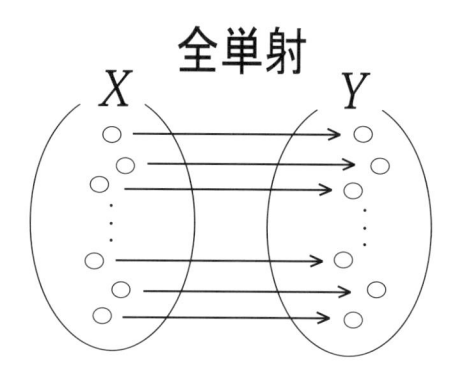

全単射

---

[*] ∃ は「ある〜が存在する」という意味なので, "∃f が存在する" というと, ちょうど「馬から落馬する」のように意味が重複していますが, 実際には, こう書くことも多いです. このときは, ∃ を単に「ある」と読めば口調が良いです.

[**] X と Y は**対等**であるともいう.

3.3 濃度のはなし

濃度の大小関係についても，次で定める．

> **定義 3.3.2 (濃度の大小)** 集合 X, Y に対して
> $$\exists f : X \to Y : \textbf{単射}$$
> が存在するとき，
> $$X \text{ の濃度は } Y \text{ の{\bf 濃度以下である}}$$
> あるいは，
> $$Y \text{ の濃度は } X \text{ の{\bf 濃度以上である}}$$
> といい，
> $$X \text{ の濃度} \leq Y \text{ の濃度}^*$$
> あるいは，
> $$Y \text{ の濃度} \geq X \text{ の濃度}$$
> と書く．

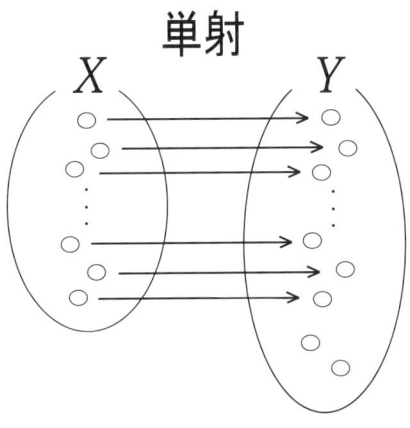

単射

再び，まだ戻って来ていない牛
↓

---

[*] 数の大小と区別するため，濃度の大小 "$\leq$" には $\prec$ とか $\preceq$ のような記号を使うことも多い．"$\geq$" についても，同様である．

2個の小石や2頭の牛などからなる集合に対して，その集合の「要素の個数」には

$$2$$

という文字が対応しているが，集合 (無限集合も含めて) に対する「濃度」には，ドイツ文字

$$\mathfrak{m}, \mathfrak{n}, \mathfrak{p}, \mathfrak{q}, \cdots$$

が用いられることが多い．

さて，上で定義した濃度の「大小」と「等号」が整合性をもつためには次の事実が必要となる[*]：

定理 3.3.3 (ベルンシュタインの定理) 任意の濃度 $\mathfrak{m}, \mathfrak{n}$ に対して
$$\mathfrak{m} \leq \mathfrak{n} \text{ かつ } \mathfrak{n} \leq \mathfrak{m} \text{ ならば } \mathfrak{m} = \mathfrak{n}$$
である．

上記の主張は，翻訳すると，

$$\exists f : X \to Y : 単射$$
$$\exists g : Y \to X : 単射$$
$$ならば$$
$$\exists h : X \to Y : 全単射$$

ということであり，証明は結構難しい．

あんた、それはベルンシュタインやのうて
フランケンシュタインやがな～～～

---

[*] この前に言っておくべき事柄ですが，濃度の等号と大小は，それぞれ，**同値関係**や**順序関係**としての基本的性質を満たします．例えば，次の推移律など：

$$\mathfrak{m} = \mathfrak{n} \text{ かつ } \mathfrak{n} = \mathfrak{p} \text{ ならば } \mathfrak{m} = \mathfrak{p}$$
$$\mathfrak{m} \leq \mathfrak{n} \text{ かつ } \mathfrak{n} \leq \mathfrak{p} \text{ ならば } \mathfrak{m} \leq \mathfrak{p}$$

また，さらに，$\leq$ ($\geq$) は，次の性質をもつこと，すなわち，**全順序**であることも確かめられます：

任意の濃度 $\mathfrak{m}, \mathfrak{n}$ に対して，$\mathfrak{m} \leq \mathfrak{n}$ あるいは $\mathfrak{n} \leq \mathfrak{m}$

3.3 濃度のはなし

以上で，濃度に等号（=）と順序（≤）が入ることがわかった．ここで，特別な濃度を2つほど考えることにしよう．

定義 3.3.4（可算濃度，連続濃度）
(1) 自然数全体の集合 $\mathbb{N}$ の濃度を**可算濃度**と呼び，記号で $\mathfrak{a}$ あるいは $\aleph_0$ と書く．
(2) 実数全体の集合 $\mathbb{R}$ の濃度を**連続濃度**と呼び，記号で $\mathfrak{c}$ あるいは $\aleph$ と書く[*]．

****

（上の記号の読み方と説明）
$\mathfrak{a}$： ドイツ文字の a である．「アー」と読む．「可算の」という意味のドイツ語 "abzählbar" の頭文字から来ている．
$\mathfrak{c}$： ドイツ文字の c である．「ツェー」と読む．「連続の」という意味のラテン語 "continuus" の頭文字から来ていると思われる．ドイツ語では，「連続の」が "**k**ontinuierlich"，「連続体」（数学用語）が "**k**ontinuum" である．（ちなみに，英語ではそれぞれ "continuous", "continuum"）このように，ドイツ語だと，c は k になることが多いのに，記号に k でなくて c を用いたのは，他の記号との混乱を避けるためか，あるいは，外来語であることに敬意を表したのではないかと思われる．
$\aleph$： ヘブライ語のアルファベットの最初の文字である．「アレフ (aleph)」と読む[**]．
$\aleph_0$： 上記の $\aleph$ に添え字 0 がついたもの．「アレフ・ゼロ」と読む．

---

[*] カントールは1878年に，「**濃度 $\mathfrak{a}$ と濃度 $\mathfrak{c}$ の間には，他の濃度は存在しない**」（すなわち，$\mathfrak{a} \leq \mathfrak{m} \leq \mathfrak{c}$ かつ $\mathfrak{m} \neq \mathfrak{a}, \mathfrak{c}$ となる濃度 $\mathfrak{m}$ は存在しない）と予想した．これは「**連続体仮説**」と呼ばれていて，何人もの数学者が解決を試みたが，最終的には1963年にコーエン (Cohen) によって，「**連続体仮説は他の集合の公理とは独立である**」（したがって，連続体仮説が成り立つと仮定しても，成り立たないと仮定しても**矛盾はない**）という形で終止符が打たれた．
ちなみに，「**濃度 $\mathfrak{a}$ と濃度 $\mathfrak{c}$ の間に，他の濃度が存在するか？**」という問いに対して，ある人が「$\mathfrak{a}$ と $\mathfrak{c}$ の間にあるのは $\mathfrak{b}$ に決まってる」と言ったというゴテゴテのギャグが，永田雅宜「集合論入門」（森北出版）の58ページに載っている．

[**] 「アレフ ($\aleph$)」という言葉は，某宗教団体が新しい団体名として使うようになってから，世間に認知されることとなり，アレフという用語の説明が楽になりました．某宗教団体といえば，$\sqrt{5}$ が「**富士山麓にオウムなく** (2.2360679$\cdots$)」だとか，一時期流行りました．（この "$\sqrt{5}$ の暗記法" 自体は昔からありました．「オウムなく」は「（鳥の）オウム（が）鳴く」でしたけど．）信者の皆さん，私が作ったんじゃありませんからね，念のため．

はちべぇ：「なんで，こんな記号を使うの？」
くまさん：「集合論の創始者であるカントル (Cantor) がドイツに住んでいたこともあり，たぶん，最初に上のような記号を使ったのが，慣習として今に至っているのだと思う．」

定義 3.3.5 (高々可算，可算，非可算)　集合 X に対して
(1) X が**高々可算**であるとは，X の濃度が $\mathfrak{a}$ 以下であることをいう．
(2) X が**可算** (countable，あるいは，enumerable) であるとは，X の濃度が $\mathfrak{a}$ に等しいことをいう．
(3) X が**非可算** (uncountable) であるとは，「X が高々可算」ではないことをいう．

くまさん：「X が可算集合であるというのは，定義から，『自然数全体の集合 $\mathbb{N}$ への全単射が存在する』ということだ．」
はちべぇ：「確かに．」
くまさん：「自然数への写像を『番号付け』と解釈すると，X の要素がすべて番号づけられるということに他ならない．」
はちべぇ：「そうすると，みんな番号札をもって待ってるわけか．『7 番の番号札をお持ちの方は，窓口までお越しください．』とかね．」
くまさん：「で，窓口で言われるわけだ．『はちべぇさん，頭のお薬，3 日分出しときます．お大事に．』ってね．」

$*************************$

はちべぇ：「これで，濃度というものも市民権を得たようで，めでたし，めでたし，というわけですな．」
くまさん：「安心するのはまだ早い．無限集合では，奇妙なことが起こるんだよ．」

事例 1

自然数全体 $\mathbb{N}$ と 2 以上の自然数全体 $\mathbb{N} - \{1\}$ を考えると，
$$\mathbb{N} \text{ の濃度} = (\mathbb{N} - \{1\}) \text{ の濃度}$$
である．なぜなら，写像 $f : \mathbb{N} \to \mathbb{N} - \{1\}$ を $f(n) = n + 1$ で定義すると，これは全単射だからである．

$$\mathbb{N} = \{1, 2, 3, 4, \cdots, n, \cdots\}$$
$$\mathbb{N} - \{1\} = \{2, 3, 4, 5, \cdots, n+1, \cdots\}$$

はちべぇ：「確かにその通りなんだが，なんか奇妙だな．」
くまさん：「有限個なら 1 つずれると最後が余るんだけど，無限個だと最後の "$\cdots$" に "吸収" されてしまう*．」
はちべぇ：「まさに，無限の魔術(マジック)だね．」
くまさん：「『無限』を使えば，消したり出したりはお手のものだ．それどころか，次の例はもっとすごい．」

事例 2

自然数全体 $\mathbb{N}$ と正の偶数全体 $E = \{2, 4, 6, \cdots\}$ を考えると，
$$\mathbb{N} \text{ の濃度} = E \text{ の濃度}$$
である．なぜなら，写像 $f : \mathbb{N} \to E$ を $f(n) = 2n$ で定義すると，これは全単射だからである．

$$\{1, 2, 3, \cdots\}$$
$$\downarrow \times 2 \quad \downarrow \times 2 \quad \downarrow \times 2 \quad \cdots$$
$$\{2, 4, 6, \cdots\}$$

タネもしかけも たくさんあります

---

* このことを説明する例で，『可算無限個の部屋をもつホテルは満室でも，宿泊客全員に部屋の番号を 1 つずつ後ろに移動してもらえば，1 号室は空室になる (したがって，満室でも泊まれる)』という，ヒルベルト (Hilbert) がお気に入りの小話がある．「この話に磨きをかけたのは，ベナルデーテである (Benardete, J.A. "Infinity", 1964)」というのは，ムーアの指摘．(Moore, A.W. "The Infinite" 1993: ムーア「無限」東京電機大学出版局)

はちべぇ：「う〜ん．自然数は偶数と奇数でできているんだから，『正の偶数全体』って『自然数全体』の"半分"なんだけどな*．」

くまさん：「実数でも同様だ．次の例などは，視覚的にわかりやすいかも．」

事例 3

区間 $[0,1] := \{x \in \mathbb{R} \,;\, 0 \leq x \leq 1\}$ と，その半分の区間 $[0,1/2] := \{x \in \mathbb{R} \,;\, 0 \leq x \leq 1/2\}$ を考えると

$$[0,1] \text{ の濃度} = [0,1/2] \text{ の濃度}$$

である．なぜなら，写像 $f : [0,1] \to [0,1/2]$ を $f(r) = r/2$ で定義すると，これは全単射だからである．

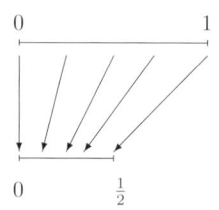

さらに，

$T_1 := [0,1] \times [0,1] = \{(x,y) \in \mathbb{R}^2 \,;\, 0 \leq x \leq 1, 0 \leq y \leq 1\}$

$T_2 := [0,1/2] \times [0,1] = \{(x,y) \in \mathbb{R}^2 \,;\, 0 \leq x \leq 1/2, 0 \leq y \leq 1\}$

とおくと

$$T_1 \text{ の濃度} = T_2 \text{ の濃度}$$

である．なぜなら，写像 $f : T_1 \to T_2$ を $f(x,y) = (x/2, y)$ で定義すると，これは全単射だからである．

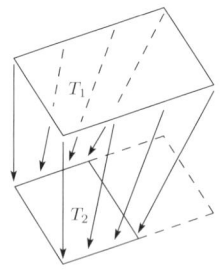

---

* これをもって，「**部分**は**全体**と等しい」という逆説的表現が用いられることがありますが，この場合は「等しい」の意味に注意することが必要であることは言うまでもありません．

3.3 濃度のはなし

はちべぇ：「べったり半分か．半分にしたのが，もとのと同じなんて，ホントだったらうれしくなっちゃうんだけどな．」

くまさん：「上のを繰り返していくと，何次元でも同じだ．ん？ またなんかやってるな．1万円札を半分にしても何も変わらないって．」

はちべぇ：「どう，**私の2万円札**．」

くまさん：「(無視して) こうなってくると，今度は逆に，無限集合の濃度はすべて等しくなってしまうのではないかという疑念がわいてくる．」

はちべぇ：「すべて等しけりゃ，『濃度』を考える意味がないよね．単に『無限』と言っているのと同じだもん．」

くまさん：「そうでないということを示しているのが，次の例だ．」

事例 4

$$\mathbb{N}\text{の濃度} \neq \mathbb{R}\text{の濃度 (すなわち, } \mathfrak{a} \neq \mathfrak{c}\text{)}$$

である．この証明には**カントールの対角線論法**という有名な方法が用いられる．

はちべぇ：「まずは，一安心．とりこし苦労だったね．」

くまさん：「だが，次のような例もある．」

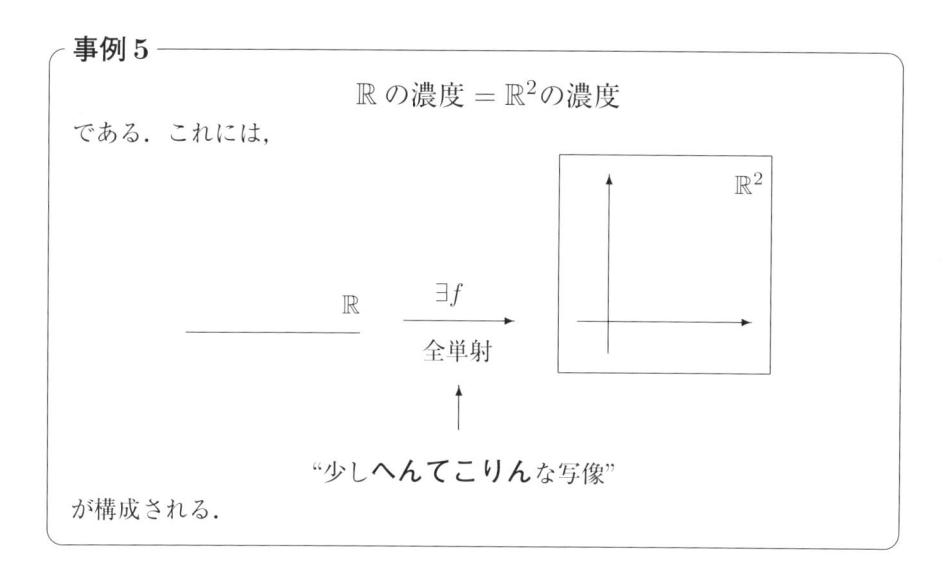

事例 5

$$\mathbb{R}\text{の濃度} = \mathbb{R}^2\text{の濃度}$$

である．これには，

$$\mathbb{R} \xrightarrow[\text{全単射}]{\exists f} \mathbb{R}^2$$

"少し**へんてこりん**な写像"

が構成される．

くまさん：「こうなると，『濃度』では『次元』を区別できないということになる．」
はちべぇ：「う〜ん．」
くまさん：「要するに，今やっている『集合論』のレベルでは，数学的対象のもつ性質をとらえきれないということなんだ．」
はちべぇ：「ふ〜ん．」
くまさん：「例えば，上の事例 5 に，"へんてこりんな写像"とあるが，これは $\mathbb{R}$ も $\mathbb{R}^2$ も，単なる点の集合と見て，メチャクチャでもいいから，対応づけたものだ．」
はちべぇ：「メチャクチャかぁ．私の部屋の押入れみたいだな．あけるのがコワイ．」
くまさん：「点どうしのつながり具合なんか考慮していない．もっとも考慮したら，そんな写像は作れないんだけどね．」
はちべぇ：「なるほど．」
くまさん：「集合論のレベルでは，単なる『"もの"の集まり』としてしか見ないけど，そこに，集合の要素どうしのつながり方（2 つの要素の間の近さ）を考慮に入れる必要がある．これが「位相(いそう)」の概念だ．」
はちべぇ：「いそう？」
くまさん：「うん．単なる『集合』に，要素どうしのつながり具合を規定したものは『位相空間』と呼ばれている*．」
はちべぇ：「これは勉強になっちゃいそう**．」
くまさん：「で，さらに，つながり具合の滑らかさも考えた『微分構造』や，要素の間の計算規則を定めた『代数構造』など，いろいろな『数学的構造』を付け加えていくにしたがって，内容が豊富になっていくんだよ．」
はちべぇ：「今の段階では，内容は無いよう．」
くまさん：「まずは，基本的なことから，一歩一歩着実にね．」
はちべぇ：「三歩進んで五歩下がる〜♪っと．」
くまさん：「それじゃ，後退しとるがな〜．」

全然進んでませんけど・・・

---

* 数学では，「空間」という言葉は，多くの場合，単なる「集合」と同義です．さらに言えば，「○○空間」という用語は，「○○という数学的構造をもつ集合」という意味で，例えば，「線形空間」というのは，「線形構造をもつ集合」のことです．

** これくらいの，つまらないダジャレを平然と言えるようにならないと，おやじギャグの奥深さを味わうことはできません．

<<ちょっと休憩>> かし子とダメ夫の会話

かし子：「おにいちゃん，今日わたし，学校で，『集合の濃度』について習ったのよ．」
ダメ夫：「そういえば，そんなのがあったっけ．」
かし子：「それでねぇ．例えば，ここにある，おにいちゃんのチョコレート．これをこう半分にしても集合の濃度は同じ，すなわち，もとのチョコレートから，この半分にしたチョコレートへの全単射が作れるのよ．」
ダメ夫：「う〜〜〜ん．」
かし子：「じゃ，またね．」
ダメ夫：「おいおい，それはおにいちゃんの…．」
かし子：「だって半分にしても，もとのと変わらないんでしょ，集合としては．」
ダメ夫：「でも….」
かし子：「じゃ〜〜ね．ばいば〜い．」

考え込む，ダメ夫．

昨日，ちゃっかりチョコレートを半分せしめられたダメ夫は，妹のところへ反撃に現れた．

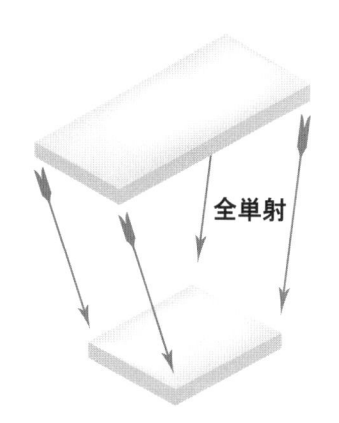

ダメ夫：「あ，おいしそうなものを食べているな．それは，おにいちゃんの好物のピーナッツじゃないか．」
かし子：「うん，そうよ．」
ダメ夫：「昨日確かおまえは，チョコレートを半分にしても，集合の濃度は同じだとか言ってたよな．」
かし子：「うん，そうだけど．」
ダメ夫：「それじゃ，この袋のピーナッツを半分にしても同じだよな．」
かし子：「違うよ，おにいちゃん．だって，この袋の中のピーナッツは，たくさんあっ

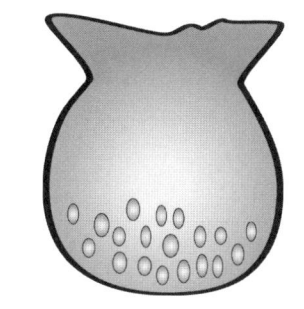

ても有限個だもの．**有限集合は絶対に，その真部分集合への全単射は作れないのよ**[*]．もちろん半分にすれば，個数は半分，濃度も小さくなっちゃうのよ．」

ダメ夫：「う～～～ん．」

　　　　　＊＊＊＊＊＊＊＊＊＊＊＊＊＊＊＊＊＊＊＊＊＊＊＊＊＊

はちべぇ：「でもって，数学の好きそうな連中に，『上の文章を読んで，あわれなダメ夫の立場で反論し，集合の濃度，無限集合などの概念について考察したことを，200字以上で述べよ』ってのを出題したんだって？解答はどうだったの？」

くまさん：「解答してくれたのは，そんなにいなかったな．きっと面食らったんだろうね．」

はちべぇ：「いきなりダメ夫になっちまったわけか．」

くまさん：「『ピーナッツを溶かしてペースト状にすれば，おんなじだ』とか，『食べちまったら，こっちのもんだ』とかあったな．そうそう，『万物は素粒子からできていて，みな同じなのじゃ』と長々説教し始めた解答も出てきたよ．」

はちべぇ：「書く量で勝負してきたわけか．」

くまさん：「他に，『なるほどと思ってしまいました』ってのもあったな．」

はちべぇ：「納得してどうする．」

くまさん：「でも，それ以来，私を見るたび，『ボク，ダメ夫』とか言って逃げるやつが出て来て…．」

はちべぇ：「敵もさるものだね．」

くまさん：「『ダメ夫はだめょお～』というハイブローなギャグを飛ばしたら，感心してだまってたみたい．」

はちべぇ：「それは凍(こお)ってるんだって．」

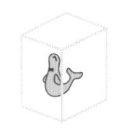

あしかも凍る寒さ

---

[*] 「ある真部分集合への全単射が存在すること」は，その集合が無限集合であるための必要十分条件である．

3.4 演習問題

[1] 集合 A, B に対して，次の 2 つは同値であることを示せ．

  (1) $A \subset B$ である．
  (2) $A \cup (B - A) = B$ である．

[2] 集合 A, B に対して，次の 2 つは同値であることを示せ．

  (1) $A = B$ である．
  (2) ある集合 C が存在して，
  $$A \cap C = B \cap C \quad \text{かつ} \quad A \cup C = B \cup C$$
  が成り立つ．

[3] 写像 $f : X \longrightarrow Y$ に対して，次を示せ．

  (1) X の任意の部分集合 A に対して，$f^{-1}(f(A)) \supset A$ である．
  (2) f が単射であるための必要十分条件は，X の任意の部分集合 A に対して，$f^{-1}(f(A)) = A$ が成り立つことである．
  (3) Y の任意の部分集合 B に対して，$f(f^{-1}(B)) \subset B$ である．
  (4) f が全射であるための必要十分条件は，Y の任意の部分集合 B に対して，$f(f^{-1}(B)) = B$ が成り立つことである．
  (5) X の任意の部分集合 A と Y の任意の部分集合 B に対して，$f(A \cap f^{-1}(B)) = f(A) \cap B$ である．

[4] 写像 $f : X \longrightarrow Y$ に対して，次の 2 つが同値であることを示せ．

  (1) f が単射である．
  (2) X の任意の部分集合 A, B に対して，$f(A \cap B) = f(A) \cap f(B)$ が成り立つ．

[5] 集合 A, B に対して，一般に，A から B への写像の全体を $\boldsymbol{B}^{\boldsymbol{A}}$ と書く．特に，$A = X$, $B = \{0, 1\}$ のとき，B^A は 136 ページで定義した「ベキ集合」$\mathcal{P}_X$ と同一視できること（要素どうしが自然に一対一の対応をしていること）を示せ．

[6] 全体集合 X が与えられているとする．注意 3.1.29 で触れたように，集合 X の部分集合 A, B に対して，A と B の**対称差集合** $A \triangle B$ を次のように定める．
$$A \triangle B = (A - B) \cup (B - A) = (A \cap B^c) \cup (A^c \cap B)$$

このとき，次を示せ．

(1) $A \triangle B = (A \cup B) - (A \cap B)$
(2) $(A \triangle B)^c = (A \cap B) \cup (A^c \cap B^c)$
(3) $(A \triangle B) \triangle C = A \triangle (B \triangle C)$
(4) $A \triangle B = B \triangle A$
(5) $A \triangle \emptyset = A$. さらに詳しく，$A \triangle B = A \Leftrightarrow B = \emptyset$
(6) $A \triangle A = \emptyset$. さらに詳しく，$A \triangle B = \emptyset \Leftrightarrow B = A$
(7) $A \triangle X = A^c$. さらに詳しく，$A \triangle B = A^c \Leftrightarrow B = X$
(8) $A \triangle A^c = X$. さらに詳しく，$A \triangle B = X \Leftrightarrow B = A^c$
(9) $A \triangle B = A^c \triangle B^c$
(10) $A \triangle Y = B$ となる Y を A と B を用いて書き表せ．
(11) $A_1 \triangle A_2 = B_1 \triangle B_2$ ならば $A_1 \triangle B_1 = A_2 \triangle B_2$ である．
(12) $A \cap (B \triangle C) = (A \cap B) \triangle (A \cap C)$

[7] 全体集合 X が与えられているとする．集合 X の任意の部分集合 A に対して，

$$\chi_A(x) = \begin{cases} 1 & (x \in A \text{ のとき}) \\ 0 & (x \in A^c \text{のとき}) \end{cases}$$

とおき[*]，A の特性関数 (characteristic function) と呼ぶ．

このとき，以下のことを示せ．

(1) $A \subset B \Leftrightarrow \chi_A(x) \leq \chi_B(x)$
(2) $A = B \Leftrightarrow \chi_A(x) = \chi_B(x)$
(3) $\chi_{A \cap B}(x) = \min\{\chi_A(x), \chi_B(x)\} = \chi_A(x)\chi_B(x)$
   ただし，$\min\{a,b\}$ は，a と b のうち，大きくない方を表す．
(4) $\chi_{A \cup B}(x) = \max\{\chi_A(x), \chi_B(x)\} = \chi_A(x) + \chi_B(x) - \chi_A(x)\chi_B(x)$
   ただし，$\max\{a,b\}$ は，a と b のうち，小さくない方を表す．
(5) $\chi_{A^c}(x) = 1 - \chi_A(x)$
(6) $\chi_{A \triangle B}(x) = |\chi_A(x) - \chi_B(x)|$

くまさん：「実は，上の演習問題 [7] の特性関数が，ファジー集合 (fuzzy set) の定義に関係しているんだよ．」
はちべぇ：「どういうふうに？」

---

[*] $\chi_A(x)$ の χ はギリシャ文字で，「カイ」(英語で書くと "chi") と読みます．この文字を使ったのは "characteristic" の先頭の "ch" の発音からです．ここでは χ を用いましたが，特性関数を表す記号は他にもあり，標準的なものが定まっていません．

3.4 演習問題

くまさん：「集合 A と特性関数 $\chi_A(x)$ との対応により，**X の部分集合全体** (X のベキ集合なので，$\mathcal{P}_X$ と書く) と，**X から $\{0,1\}$ への写像全体** ($\mathcal{F}$ とする) の間に一対一の対応，すなわち，全単射を与えていることがわかる．」

はちべぇ：「うん．」

くまさん：「しかも，集合の包含関係や $\cap$, $\cup$ などの集合演算は，$\mathcal{F}$ の方の順序関係 $\leq$ や $\min$, $\max$ を取る操作に対応していることを，演習問題［7］で見たわけだ．」

はちべぇ：「そういうことか．」

くまさん：「そこでだ．構造を保ったまま対応がついているということで，$\mathcal{P}_X$ と $\mathcal{F}$，つまり，X の部分集合と $\mathcal{F}$ の要素は同一視することができる．」

はちべぇ：「なるほど．」

くまさん：「一方，$\mathcal{F}$ は，0 か 1 の値をとる関数の全体だが，これは，区間 $[0,1]$ に値をとる関数の全体に含まれている．すなわち，

$$\widetilde{\mathcal{F}} : X \text{ から } [0,1] \text{ への写像の全体}$$

とおくと，$\mathcal{F} \subset \widetilde{\mathcal{F}}$ だ．」

はちべぇ：「確かに．」

くまさん：「そこで，$\widetilde{\mathcal{F}}$ の要素 (あるいは，それに対応した"集合"があると見て)，**ファジー集合**と呼ぶんだよ[*]．」

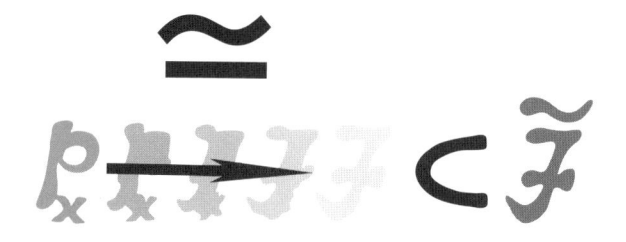

$$\mathcal{P}_X \xrightarrow{\cong} \mathcal{F} \subset \widetilde{\mathcal{F}}$$

くまさん：「$\mathcal{P}_X$ を $\mathcal{F}$ と同一視することによって，$\mathcal{P}_X \subset \widetilde{\mathcal{F}}$ と見なしたわけだ．こういうのを，数学ではよく『$\mathcal{P}_X$ を $\widetilde{\mathcal{F}}$ に**埋め込む**』と表現する．数学では，ある対象を拡張定義したいとき，その対象全体を別のもっと

---

[*] 全体集合 X の部分集合に対応しているので，「(X の) ファジー**部分集合**」と呼ぶ方が正確かもしれないが，単に「ファジー集合」と呼ぶことが多い．

大きな集合に"埋め込む"ことは，よくあることだよ[*].」

ボールの
顔面への埋め込み

はちべぇ：「で，$\widetilde{\mathcal{F}}$ の要素がファジー集合というのは，具体的にはどういうこと？」
くまさん：「集合 A の特性関数 $\chi_A(x)$ は，x が A の要素か否かで，1 か 0 の値をとる，白黒のハッキリしたものだった．しかし，一般の関数 $f \in \widetilde{\mathcal{F}}$ に対しては，そういうわけにはいかない．」
はちべぇ：「$f(x) = 1/3$ とかね．」
くまさん：「そう，そう，その場合だと，x は 1/3 の割合で ファジー集合 f に属

---

[*] 例えば，実数の全体 $\mathbb{R}$ に，「無限大」と「無限小」を，以下のようにして付け加えることができます．まず，実数を可算無限個ならべたもの全体 (実数体 $\mathbb{R}$ の可算無限個の直積) $\mathcal{A}$ を考えます．すなわち，
$$\mathcal{A} = \{\rho = (r_1, r_2, r_3, \cdots)\,;\ r_j \in \mathbb{R}\ (j=1,2,3,\cdots)\}$$
です．$\mathcal{A}$ には，次のような順序を入れておきます．$\mathcal{A}$ の 2 つの要素 $\rho = (r_1, r_2, r_3, \cdots)$，$\sigma = (s_1, s_2, s_3, \cdots)$ に対して，
$$\rho \leq \sigma\ とは，有限個の\ j\ を除いて，r_j \leq s_j\ が成り立つこと$$
とします．このような $\mathcal{A}$ に $\mathbb{R}$ を埋め込むことを考えます．実はこのままだと，$\rho \leq \sigma$ かつ $\sigma \leq \rho$ から $\rho = \sigma$ が導かれないので，ここで定義した $\leq$ は順序関係にはなっていません．実際の構成は，$\mathcal{A}$ ではなく，$\mathcal{A}$ を同値関係で割ったもの ($\mathbb{R}$ の **超積** (ultraproduct) と呼ばれるもの) を用います．正確さを欠きますが，ここではカタイこと言わずに，$\mathcal{A}$ で話を進めましょう．和と積のような代数演算も，(代表元の) 各成分ごとの和と積で定義できて，well-defined です．任意の $r \in \mathbb{R}$ に対して，$(r, r, r, \cdots) \in \mathcal{A}$ (r ばかりが並んでいるもの) を対応させてやると，$\mathbb{R}$ の $\mathcal{A}$ への埋め込みが実現できます．しかも，順序関係を保っていることは容易に確かめられます．そこで，$\alpha = (1, 2, 3, 4, 5, \cdots)$ という $\mathcal{A}$ の要素を考えましょう．これは，さきほど決めた順序で，どの実数 $r = (r, r, r, \cdots)$ よりも大きいことがわかります．すなわち，任意の実数より大きい要素 α が，集合 $\mathcal{A}$ の中で構成でき，これを無限大とするわけです．さらに，$\beta = (2, 3, 4, 5, 6, \cdots)$ などは，α より大きい無限大です．逆に，$\gamma = (1/2, 1/3, 1/4, 1/5, 1/6, \cdots)$ は，任意の正の実数よりも小さい，0 でない要素で，無限小と見なせます．これらを用いると，無限大と無限小の議論が正当化できるわけです．以上は，実数体 $\mathbb{R}$ を，もっと大きい全順序体 (「**超実数体**」と呼ばれる) に埋め込むための 1 つの方法です．「**超実数**」を構成することにより，ライプニッツ (Leibniz) 流の **無限小解析** を現代風に展開することができます．このように，一般に，対象をもっと大きいモデルに埋め込むことにより，**超準元** (non-standard element) というものをつけ加えて議論する分野を **超準解析 (non-standard analysis)** といいます．

する*というわけだ.」
はちべぇ:「なんて,中途半端なんだ.」
くまさん:「だから,ファジーなんだってば.」
はちべぇ:「ファジー集合の包含関係や集合演算はどうなるの?」
くまさん:「タイミングの良い質問だなぁ.それは,演習問題［7］で調べた性質 ((1)〜(5)) を,逆に定義に採用するんだよ.実際,2つのファジー集合 $f, g \in \widetilde{\mathcal{F}}$ に対して,

(1) $f \subset g \overset{def}{\Leftrightarrow} f(x) \leq g(x)$ **
(2) $f = g \overset{def}{\Leftrightarrow} f(x) = g(x)$
(3) $(f \cap g)(x) := \min\{f(x), g(x)\}$
(4) $(f \cup g)(x) := \max\{f(x), g(x)\}$
(5) $f^c(x) := 1 - f(x)$

とすることにより,ファジー集合の間の包含関係,共通部分,和集合,そして,補集合が定義される.それじゃあ,これくらいにしておいて,今日は,友達みんな呼んで,今から焼肉でも食べに行こうか.」
はちべぇ:「まじー!? ♡」
くまさん:「いや,ファジー.」

友人にもいろいろ・・・

ファジーなやつ　じじーなやつ

---

　* ここでは f をファジー集合と呼んでいますが,実際のファジー集合論では,f に何か拡張された集合が対応しているものと考えて,それをファジー集合と呼びます.f は,そのファジー集合の特性関数を与えるもので,メンバーシップ関数 (membership function) と呼ばれています.

　** 一般に "$A \overset{def}{\Leftrightarrow} B$" とは,「$A$ を B で定義する」の意味です.数学では,よく用いられる記号です.

補足: ベン図

集合どうしの関係を図で表す方法があります. まず, 全体集合 Ω を長方形で表します.

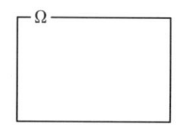

全体集合 Ω の部分集合 A は, 丸い形で表します.

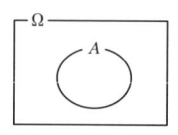

「丸い」と言いましたが, 実はなんでも良くて

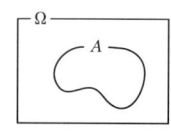

とか

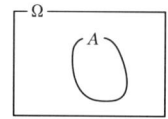

のように描いてもかまいません. 集合 A は

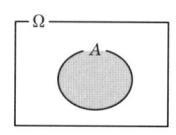

の濃い色で表された部分であり, A の補集合 A^c は, それ以外の残りの部分ということで

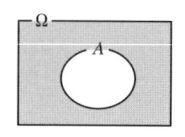

の濃い色で表された部分となります. 集合をこのような図で表したものを**ベン図**[*]と呼びます.

次に, 全体集合 Ω の2つの部分集合 A, B について考えてみましょう. この場合の状況は,

---

[*] 「ベン」は人名で, このような図を最初に用いた論理学者 Venn, J. に由来する.

3.4 演習問題

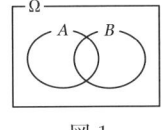

図1

と描けます．このとき，共通部分 $A \cap B$ と和集合 $A \cup B$ はそれぞれ，以下の図の濃い色で表された部分です．

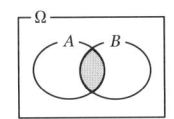

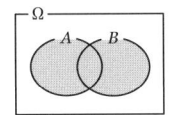

したがって，もし図1で

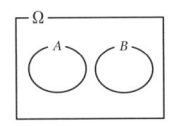

というように，A と B を離して描いていたら，これは A と B に共通部分がない，すなわち，$A \cap B = \emptyset$ であるという特殊な状況を表しています．また，

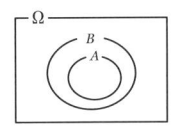

と描くと，これは A は B に含まれる，すなわち，$A \subset B$ という特別な状態の場合です．したがって，こういう特殊な状況でない限りは，ベン図は，**図1のように，最も一般的な設定で描かなければなりません**．

部分集合が A, B, C と3つになったときも同様です．ベン図は一般には，例えば

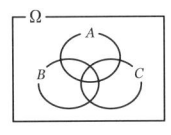

と描けば良いことがわかります．

では，4つの集合 A, B, C, D のときはどうなるでしょうか？ここから，ベン図が次第に複雑になってきます．例えば，

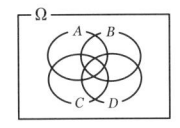

ではどうでしょうか？これだと $A \cap \overline{B} \cap \overline{C} \cap D$ や $\overline{A} \cap B \cap C \cap \overline{D}$ を表す部分がないので，不完全です．4つの集合の場合のベン図は，例えば

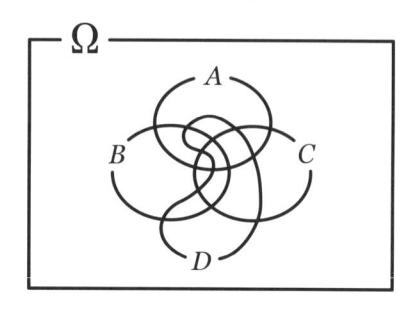

のように描かなければなりません．集合がさらに1つ増えて5つになると，ますます複雑になります．時間があったら考えてみてください．

　ベン図は，集合どうしの関係を視覚的に取りあつかえるので，便利な面もありますが，集合が増えてくると図が複雑になりますし，ましてや，無限個の集合に対してはお手上げです．後々のことを考えると，ベン図にあまり頼らずに，**考えるときの補助に使用する程度**と思っておいた方が良いでしょう[*]．

---

[*] 論理の記号 $\wedge$, $\vee$ が，集合の記号 $\cap$, $\cup$ に対応していること (140 ページのはちべぇの発言を参照) からも予想されるように，記号論理学においても，ベン図を用いる方法があります．命題 p に対して，「p を真にする "場合" の集合」をベン図に描くわけです．例えば，$p \wedge q$ は

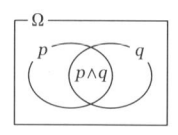

というような次第です．これも**便利なようで，勘違いを誘発する恐れもありますので，御用心ください**．

付　録

ふろく

演習問題の略解

第1章

[1]「ゴールデンウィークにしっかり勉強する」という命題を p とし，「試験の成績は良い」という命題を q とすると，与えられた命題は，$p \to q$ である．したがって，その命題の否定は，$\overline{p \to q} \equiv \overline{\overline{p} \vee q} \equiv p \wedge \overline{q}$ となり，**答えは (4) となる**．

[2]「朝食にカレーを食べる」，「昼食にカレーを食べる」という命題をそれぞれ p, q とし，「インドで生活ができる」という命題を r とすると，与えられた命題は，$(p \wedge q) \to r$ である．したがって，その命題の否定は，$\overline{(p \wedge q) \to r} \equiv \overline{\overline{p \wedge q} \vee r} \equiv (p \wedge q) \wedge \overline{r}$ となり，**答えは (3) となる**．

[3]「私が合図を送る」という命題を p とし，「火星のコメディアンが遊びに来る」，「金星の美人からラブレターが来る」という命題をそれぞれ q, r とすると，与えられた命題は，$p \to (q \wedge r)$ である．したがって，その命題の否定は，$\overline{p \to (q \wedge r)} \equiv \overline{\overline{p} \vee (q \wedge r)} \equiv p \wedge \overline{q \wedge r} \equiv p \wedge (\overline{q} \vee \overline{r})$ となり，**答えは (2) となる**．

[4] (1)「写真を撮るとき，ピースサインを出す」という命題を p とし，「周りは古代メソポタミア文明になる」，「周りは安土桃山時代になる」という命題をそれぞれ q, r とすると，与えられた命題は $p \to (q \vee r)$ である．したがって，その命題の否定は，$\overline{p \to (q \vee r)} \equiv \overline{\overline{p} \vee (q \vee r)} \equiv p \wedge \overline{(q \vee r)} \equiv p \wedge (\overline{q} \wedge \overline{r})$ となり，答えは，「**写真を撮るとき，ピースサインを出すが，周りは古代メソポタミア文明にもならないし，安土桃山時代にもならない**」となる．

(2)「私はミスター・マリックである」という命題を p とし，「何もないところから2万円札を出す」，「警察に捕まる」という命題をそれぞれ q, r とすると，与えられた命題は $p \to (q \wedge r)$ である．したがって，その命題の否定は，$\overline{p \to (q \wedge r)} \equiv \overline{\overline{p} \vee (q \wedge r)} \equiv p \wedge \overline{(q \wedge r)} \equiv p \wedge (\overline{q} \vee \overline{r})$ となり，答えは，「**私がミスター・マリックであっても，何もないところから2万円札を出さないか，あるいは，警察に捕まらない**」となる．

(3)「冬に天気が雨である」，「冬に天気が雪である」という命題をそれぞれ p, q とし，「寒

さしのぎに家の中であばれる」という命題を r とすると，与えられた命題は $(p \vee q) \to r$ である．したがって，その命題の否定は，$\overline{(p \vee q) \to r} \equiv \overline{\overline{p \vee q} \vee r} \equiv (p \vee q) \wedge \overline{r}$ となり，答えは，「**冬は天気が雨か雪であっても，寒さしのぎに家の中であばれない**」となる．

[5] 真理表を用いても良いが，ここでは同値変形を使って証明する．

(1) $\quad (p \wedge q) \vee (\overline{p} \wedge \overline{q}) \stackrel{\text{分配律}}{\equiv} (p \vee (\overline{p} \wedge \overline{q})) \wedge (q \vee (\overline{p} \wedge \overline{q}))$

$\stackrel{\text{分配律}}{\equiv} (p \vee \overline{p}) \wedge (p \vee \overline{q}) \wedge (q \vee \overline{p}) \wedge (q \vee \overline{q})$

$\stackrel{\text{排中律}}{\equiv} \text{I} \wedge (p \vee \overline{q}) \wedge (q \vee \overline{p}) \wedge \text{I}$

$\stackrel{\text{定理 1.7.3 (1)}}{\equiv} (p \vee \overline{q}) \wedge (\overline{p} \vee q)$

(2) $\quad (p \vee q) \wedge (\overline{p} \vee \overline{q}) \stackrel{\text{分配律}}{\equiv} (p \wedge (\overline{p} \vee \overline{q})) \vee (q \wedge (\overline{p} \vee \overline{q}))$

$\stackrel{\text{分配律}}{\equiv} (p \wedge \overline{p}) \vee (p \wedge \overline{q}) \vee (q \wedge \overline{p}) \vee (q \wedge \overline{q})$

$\stackrel{\text{矛盾律}}{\equiv} \text{O} \vee (p \wedge \overline{q}) \vee (q \wedge \overline{p}) \vee \text{O}$

$\stackrel{\text{定理 1.7.3 (2)}}{\equiv} (p \wedge \overline{q}) \vee (\overline{p} \wedge q)$

(3) $\quad (p \wedge q) \vee (p \wedge \overline{q}) \stackrel{\text{分配律}}{\equiv} (p \vee (p \wedge \overline{q})) \wedge (q \vee (p \wedge \overline{q}))$

$\stackrel{\text{吸収律と}}{\underset{\text{分配律}}{\equiv}} p \wedge ((p \vee \overline{p}) \wedge (p \vee q))$

$\stackrel{\text{排中律}}{\equiv} p \wedge (\text{I} \wedge (p \vee q))$

$\stackrel{\text{定理 1.7.3 (1)}}{\equiv} p \wedge (p \vee q)$

$\stackrel{\text{吸収律}}{\equiv} p$

(4) $\quad (p \vee q) \wedge (p \vee \overline{q}) \stackrel{\text{分配律}}{\equiv} (p \wedge (p \vee \overline{q})) \vee (q \wedge (p \vee \overline{q}))$

$\stackrel{\text{吸収律と}}{\underset{\text{分配律}}{\equiv}} p \vee ((p \wedge \overline{p}) \vee (p \wedge q))$

$\stackrel{\text{矛盾律}}{\equiv} p \vee (\text{O} \vee (p \wedge q))$

$\stackrel{\text{定理 1.7.3 (2)}}{\equiv} p \vee (p \wedge q)$

$\stackrel{\text{吸収律}}{\equiv} p$

演習問題の略解

(5) $(p \wedge q) \vee (\overline{p} \wedge \overline{q}) \vee p \underset{\equiv}{\overset{\text{上記 (1) より}}{}} ((p \vee \overline{q}) \wedge (\overline{p} \vee q)) \vee p$
$\underset{\equiv}{\overset{\text{分配律}}{}} ((p \vee \overline{q}) \vee p) \wedge ((\overline{p} \vee q) \vee p)$
$\underset{\equiv}{\overset{\text{交換律と結合律}}{}} ((p \vee p) \vee \overline{q}) \wedge ((p \vee \overline{p}) \vee q)$
$\underset{\equiv}{\overset{\text{ベキ等律と排中律}}{}} (p \vee \overline{q}) \wedge (\mathrm{I} \vee q)$
$\underset{\equiv}{\overset{\text{定理 1.7.3 (1)}}{}} (p \vee \overline{q}) \wedge \mathrm{I}$
$\underset{\equiv}{\overset{\text{定理 1.7.3 (1)}}{}} p \vee \overline{q}$

(6) $(p \wedge q) \vee (\overline{p} \wedge \overline{q}) \vee \overline{p} \underset{\equiv}{\overset{\text{上記 (1) より}}{}} ((p \vee \overline{q}) \wedge (\overline{p} \vee q)) \vee \overline{p}$
$\underset{\equiv}{\overset{\text{分配律}}{}} ((p \vee \overline{q}) \vee \overline{p}) \wedge ((\overline{p} \vee q) \vee \overline{p})$
$\underset{\equiv}{\overset{\text{交換律と結合律}}{}} ((p \vee \overline{p}) \vee \overline{q}) \wedge ((\overline{p} \vee \overline{p}) \vee q)$
$\underset{\equiv}{\overset{\text{排中律とベキ等律}}{}} (\mathrm{I} \vee \overline{q}) \wedge (\overline{p} \vee q)$
$\underset{\equiv}{\overset{\text{定理 1.7.3 (1)}}{}} \mathrm{I} \wedge (\overline{p} \vee q)$
$\underset{\equiv}{\overset{\text{定理 1.7.3 (1)}}{}} \overline{p} \vee q$

(7) $(p \vee q) \wedge (\overline{p} \vee \overline{q}) \wedge p \underset{\equiv}{\overset{\text{上記 (2) より}}{}} ((p \wedge \overline{q}) \vee (\overline{p} \wedge q)) \wedge p$
$\underset{\equiv}{\overset{\text{分配律}}{}} ((p \wedge \overline{q}) \wedge p) \vee ((\overline{p} \wedge q) \wedge p)$
$\underset{\equiv}{\overset{\text{交換律と結合律}}{}} ((p \wedge p) \wedge \overline{q}) \vee ((p \wedge \overline{p}) \wedge q)$
$\underset{\equiv}{\overset{\text{ベキ等律と矛盾律}}{}} (p \wedge \overline{q}) \vee (\mathrm{O} \wedge q)$
$\underset{\equiv}{\overset{\text{定理 1.7.3 (2)}}{}} (p \wedge \overline{q}) \vee \mathrm{O}$
$\underset{\equiv}{\overset{\text{定理 1.7.3 (2)}}{}} p \wedge \overline{q}$

(8) $(p \vee q) \wedge (\overline{p} \vee \overline{q}) \wedge \overline{p} \underset{\equiv}{\overset{\text{上記 (2) より}}{}} ((p \wedge \overline{q}) \vee (\overline{p} \wedge q)) \wedge \overline{p}$
$\underset{\equiv}{\overset{\text{分配律}}{}} ((p \wedge \overline{q}) \wedge \overline{p}) \vee ((\overline{p} \wedge q) \wedge \overline{p})$
$\underset{\equiv}{\overset{\text{交換律と結合律}}{}} ((p \wedge \overline{p}) \wedge \overline{q}) \vee ((\overline{p} \wedge \overline{p}) \wedge q)$
$\underset{\equiv}{\overset{\text{矛盾律とベキ等律}}{}} (\mathrm{O} \wedge \overline{q}) \vee (\overline{p} \wedge q)$

$$
\begin{aligned}
&\stackrel{\text{定理 1.7.3 (2)}}{\equiv} \mathrm{O} \vee (\overline{p} \wedge q) \\
&\stackrel{\text{定理 1.7.3 (2)}}{\equiv} \overline{p} \wedge q
\end{aligned}
$$

(9) $(p \wedge q) \to r$
$$
\begin{aligned}
&\stackrel{\text{"$\to$"の定義}}{\equiv} \overline{p \wedge q} \vee r \\
&\stackrel{\text{ド・モルガンの法則}}{\equiv} (\overline{p} \vee \overline{q}) \vee r \\
&\stackrel{\text{分配律}}{\equiv} (\overline{p} \vee r) \vee (\overline{q} \vee r) \\
&\stackrel{\text{"$\to$"の定義}}{\equiv} (p \to r) \vee (q \to r)
\end{aligned}
$$

(10) $(p \vee q) \to r$
$$
\begin{aligned}
&\stackrel{\text{"$\to$"の定義}}{\equiv} \overline{p \vee q} \vee r \\
&\stackrel{\text{ド・モルガンの法則}}{\equiv} (\overline{p} \wedge \overline{q}) \vee r \\
&\stackrel{\text{分配律}}{\equiv} (\overline{p} \vee r) \wedge (\overline{q} \vee r) \\
&\stackrel{\text{"$\to$"の定義}}{\equiv} (p \to r) \wedge (q \to r)
\end{aligned}
$$

(11) $p \to (q \wedge r)$
$$
\begin{aligned}
&\stackrel{\text{"$\to$"の定義}}{\equiv} \overline{p} \vee (q \wedge r) \\
&\stackrel{\text{分配律}}{\equiv} (\overline{p} \vee q) \wedge (\overline{p} \vee r) \\
&\stackrel{\text{"$\to$"の定義}}{\equiv} (p \to q) \wedge (p \to r)
\end{aligned}
$$

(12) $p \to (q \vee r)$
$$
\begin{aligned}
&\stackrel{\text{"$\to$"の定義}}{\equiv} \overline{p} \vee (q \vee r) \\
&\stackrel{\text{分配律}}{\equiv} (\overline{p} \vee q) \vee (\overline{p} \vee r) \\
&\stackrel{\text{"$\to$"の定義}}{\equiv} (p \to q) \vee (p \to r)
\end{aligned}
$$

(13) $(p \to q) \to (p \wedge q)$
$$
\begin{aligned}
&\stackrel{\text{"$\to$"の定義}}{\equiv} (\overline{p} \vee q) \to (p \wedge q) \\
&\stackrel{\text{"$\to$"の定義}}{\equiv} \overline{\overline{p} \vee q} \vee (p \wedge q) \\
&\stackrel{\substack{\text{ド・モルガンの法則と}\\\text{ベキ等律}}}{\equiv} (p \wedge \overline{q}) \vee (p \wedge q) \\
&\stackrel{\text{分配律}}{\equiv} p \wedge (\overline{q} \vee q) \\
&\stackrel{\text{排中律}}{\equiv} p \wedge \mathrm{I} \\
&\stackrel{\text{定理 1.7.3 (1)}}{\equiv} p
\end{aligned}
$$

演習問題の略解

(14) $(p \to q) \to (p \vee q)$
$\underset{\text{"}\to\text{" の定義}}{\equiv} (\overline{p} \vee q) \to (p \vee q)$
$\underset{\text{"}\to\text{" の定義}}{\equiv} \overline{\overline{p} \vee q} \vee (p \vee q)$
$\underset{\substack{\text{ド・モルガンの法則と}\\\text{ベキ等律}}}{\equiv} (p \wedge \overline{q}) \vee (p \vee q)$
$\underset{\text{分配律}}{\equiv} (p \vee (p \vee q)) \wedge (\overline{q} \vee (p \vee q))$
$\underset{\substack{\text{交換律と}\\\text{結合律}}}{\equiv} ((p \vee p) \vee q) \wedge (p \vee (q \vee \overline{q}))$
$\underset{\substack{\text{ベキ等律と}\\\text{排中律}}}{\equiv} (p \vee q) \wedge (p \vee \mathrm{I})$
$\underset{\text{定理 1.7.3 (1)}}{\equiv} (p \vee q) \wedge \mathrm{I}$
$\underset{\text{定理 1.7.3 (1)}}{\equiv} p \vee q$

(15) $(p \wedge q) \to (p \to q)$
$\underset{\text{"}\to\text{" の定義}}{\equiv} \overline{p \wedge q} \vee (p \to q)$
$\underset{\substack{\text{ド・モルガンの法則と}\\\text{"}\to\text{" の定義}}}{\equiv} (\overline{p} \vee \overline{q}) \vee (\overline{p} \vee q)$
$\underset{\substack{\text{交換律と}\\\text{結合律}}}{\equiv} (\overline{p} \vee \overline{p}) \vee (q \vee \overline{q})$
$\underset{\substack{\text{ベキ等律と}\\\text{排中律}}}{\equiv} \overline{p} \vee \mathrm{I}$
$\underset{\text{定理 1.7.3 (1)}}{\equiv} \mathrm{I}$

(16) $(p \vee q) \to (p \to q)$
$\underset{\text{"}\to\text{" の定義}}{\equiv} \overline{p \vee q} \vee (p \to q)$
$\underset{\substack{\text{ド・モルガンの法則と}\\\text{"}\to\text{" の定義}}}{\equiv} (\overline{p} \wedge \overline{q}) \vee (\overline{p} \vee q)$
$\underset{\text{分配律}}{\equiv} (\overline{p} \vee (\overline{p} \vee q)) \wedge (\overline{q} \vee (\overline{p} \vee q))$
$\underset{\substack{\text{交換律と}\\\text{結合律}}}{\equiv} ((\overline{p} \vee \overline{p}) \vee q) \wedge (\overline{p} \vee (q \vee \overline{q}))$
$\underset{\substack{\text{ベキ等律と}\\\text{排中律}}}{\equiv} (\overline{p} \vee q) \wedge (\overline{p} \vee \mathrm{I})$
$\underset{\text{定理 1.7.3 (1)}}{\equiv} (\overline{p} \vee q) \wedge \mathrm{I}$
$\underset{\text{定理 1.7.3 (1)}}{\equiv} \overline{p} \vee q$

(17) $(p \wedge q) \to (p \vee q)$
$\underset{\text{"}\to\text{" の定義}}{\equiv} \overline{p \wedge q} \vee (p \vee q)$
$\underset{\text{ド・モルガンの法則}}{\equiv} (\overline{p} \vee \overline{q}) \vee (p \vee q)$

$$
\begin{aligned}
&\stackrel{\text{交換律と}}{\underset{\text{結合律}}{\equiv}} (p \vee \overline{p}) \vee (q \vee \overline{q}) \\
&\stackrel{\text{排中律}}{\equiv} \mathrm{I} \vee \mathrm{I} \\
&\stackrel{\text{定理 1.7.3 (1)}}{\equiv} \mathrm{I}
\end{aligned}
$$

(18) $(p \vee q) \rightarrow (p \wedge q)$
$$
\begin{aligned}
&\stackrel{\text{"$\rightarrow$" の定義}}{\equiv} \overline{p \vee q} \vee (p \wedge q) \\
&\stackrel{\text{ド・モルガンの法則}}{\equiv} (\overline{p} \wedge \overline{q}) \vee (p \wedge q) \\
&\stackrel{\text{分配律の}}{\underset{\text{2 回の適用}}{\equiv}} (\overline{p} \vee p) \wedge (\overline{p} \vee q) \wedge (\overline{q} \vee p) \wedge (\overline{q} \vee q) \\
&\stackrel{\text{排中律}}{\equiv} \mathrm{I} \wedge (\overline{p} \vee q) \wedge (\overline{q} \vee p) \wedge \mathrm{I} \\
&\stackrel{\text{定理 1.7.3 (1)}}{\equiv} (p \vee \overline{q}) \wedge (\overline{p} \vee q)
\end{aligned}
$$

(19) $(p \rightarrow q) \rightarrow p$
$$
\begin{aligned}
&\stackrel{\text{"$\rightarrow$" の定義}}{\equiv} \overline{p \rightarrow q} \vee p \\
&\stackrel{\text{"$\rightarrow$" の定義}}{\equiv} \overline{\overline{p} \vee q} \vee p \\
&\stackrel{\text{ド・モルガンの法則と}}{\underset{\text{ベキ等律}}{\equiv}} (p \wedge \overline{q}) \vee p \\
&\stackrel{\text{交換律}}{\equiv} p \vee (p \wedge \overline{q}) \\
&\stackrel{\text{吸収律}}{\equiv} p
\end{aligned}
$$

(20) $(p \rightarrow q) \rightarrow q$
$$
\begin{aligned}
&\stackrel{\text{"$\rightarrow$" の定義}}{\equiv} \overline{p \rightarrow q} \vee q \\
&\stackrel{\text{"$\rightarrow$" の定義}}{\equiv} \overline{\overline{p} \vee q} \vee q \\
&\stackrel{\text{ド・モルガンの法則と}}{\underset{\text{ベキ等律}}{\equiv}} (p \wedge \overline{q}) \vee q \\
&\stackrel{\text{分配律}}{\equiv} (p \vee q) \wedge (\overline{q} \vee q) \\
&\stackrel{\text{排中律}}{\equiv} (p \vee q) \wedge \mathrm{I} \\
&\stackrel{\text{定理 1.7.3 (1)}}{\equiv} p \vee q
\end{aligned}
$$

(21) $p \rightarrow (p \rightarrow q)$
$$
\begin{aligned}
&\stackrel{\text{"$\rightarrow$" の定義}}{\equiv} \overline{p} \vee (p \rightarrow q) \\
&\stackrel{\text{"$\rightarrow$" の定義}}{\equiv} \overline{p} \vee (\overline{p} \vee q) \\
&\stackrel{\text{結合律}}{\equiv} (\overline{p} \vee \overline{p}) \vee q \\
&\stackrel{\text{ベキ等律}}{\equiv} \overline{p} \vee q \\
&\stackrel{\text{"$\rightarrow$" の定義}}{\equiv} p \rightarrow q
\end{aligned}
$$

演習問題の略解

(22) $q \to (p \to q) \overset{\text{"}\to\text{"の定義}}{\equiv} \overline{q} \vee (p \to q)$
$\overset{\text{"}\to\text{"の定義}}{\equiv} \overline{q} \vee (\overline{p} \vee q)$
$\overset{\text{交換律と結合律}}{\equiv} \overline{p} \vee (q \vee \overline{q})$
$\overset{\text{排中律}}{\equiv} \overline{p} \vee \mathrm{I}$
$\overset{\text{定理 1.7.3 (1)}}{\equiv} \mathrm{I}$

(23) $p \to (q \to r) \overset{\text{"}\to\text{"の定義}}{\equiv} \overline{p} \vee (q \to r)$
$\overset{\text{"}\to\text{"の定義}}{\equiv} \overline{p} \vee (\overline{q} \vee r)$
$\overset{\text{結合律}}{\equiv} (\overline{p} \vee \overline{q}) \vee r$
$\overset{\text{ド・モルガンの法則}}{\equiv} \overline{p \wedge q} \vee r$
$\overset{\text{"}\to\text{"の定義}}{\equiv} (p \wedge q) \to r$

(24) $p \wedge (p \to q) \overset{\text{"}\to\text{"の定義}}{\equiv} p \wedge (\overline{p} \vee q)$
$\overset{\text{分配律}}{\equiv} (p \wedge \overline{p}) \vee (p \wedge q)$
$\overset{\text{矛盾律}}{\equiv} \mathrm{O} \vee (p \wedge q)$
$\overset{\text{定理 1.7.3 (2)}}{\equiv} p \wedge q$

(25) $q \wedge (p \to q) \overset{\text{"}\to\text{"の定義}}{\equiv} q \wedge (\overline{p} \vee q)$
$\overset{\text{分配律}}{\equiv} (q \wedge \overline{p}) \vee (q \wedge q)$
$\overset{\text{ベキ等律}}{\equiv} (q \wedge \overline{p}) \vee q$
$\overset{\text{交換律}}{\equiv} q \vee (q \wedge \overline{p})$
$\overset{\text{吸収律}}{\equiv} q$

(26) $p \to \mathrm{O} \overset{\text{"}\to\text{"の定義}}{\equiv} \overline{p} \vee \mathrm{O} \overset{\text{定理 1.7.3 (2)}}{\equiv} \overline{p}$

(27) $\mathrm{I} \to p \overset{\text{"}\to\text{"の定義}}{\equiv} \overline{\mathrm{I}} \vee p \overset{\text{注意 1.7.2}}{\equiv} \mathrm{O} \vee p \overset{\text{定理 1.7.3 (2)}}{\equiv} p$

[6] 仮定 $p \Rightarrow r, q \Rightarrow s$ より,

(*) $\qquad (p \to r) \equiv \mathrm{I}, (q \to s) \equiv \mathrm{I}$

であることに，まず注意しておく．

(1) $(p \wedge q) \rightarrow (r \wedge s)$
$\underset{\text{"}\rightarrow\text{"の定義}}{\equiv} \overline{p \wedge q} \vee (r \wedge s)$
$\underset{\text{ド・モルガンの法則}}{\equiv} (\overline{p} \vee \overline{q}) \vee (r \wedge s)$
$\underset{\text{分配律}}{\equiv} (\overline{p} \vee \overline{q} \vee r) \wedge (\overline{p} \vee \overline{q} \vee s)$
$\underset{\substack{\text{交換律と}\\\text{結合律}}}{\equiv} ((\overline{p} \vee r) \vee \overline{q}) \wedge ((\overline{q} \vee s) \vee \overline{p})$
$\underset{\text{"}\rightarrow\text{"の定義}}{\equiv} ((p \rightarrow r) \vee \overline{q}) \wedge ((q \rightarrow s) \vee \overline{p})$
$\underset{(*)\text{ より}}{\equiv} (\mathrm{I} \vee \overline{q}) \wedge (\mathrm{I} \vee \overline{p})$
$\underset{\text{定理 1.7.3 (1)}}{\equiv} \mathrm{I} \wedge \mathrm{I}$
$\underset{\text{定理 1.7.3 (1)}}{\equiv} \mathrm{I}.$

以上で, $(p \wedge q) \rightarrow (r \wedge s) \equiv \mathrm{I}$, すなわち, $(p \wedge q) \Rightarrow (r \wedge s)$ であることが示された.

(2) $(p \vee q) \rightarrow (r \vee s)$
$\underset{\text{"}\rightarrow\text{"の定義}}{\equiv} \overline{p \vee q} \vee (r \vee s)$
$\underset{\text{ド・モルガンの法則}}{\equiv} (\overline{p} \wedge \overline{q}) \vee (r \vee s)$
$\underset{\text{分配律}}{\equiv} (\overline{p} \vee r \vee s) \wedge (\overline{q} \vee r \vee s)$
$\underset{\substack{\text{交換律と}\\\text{結合律}}}{\equiv} ((\overline{p} \vee r) \vee s) \wedge ((\overline{q} \vee s) \vee r)$
$\underset{\text{"}\rightarrow\text{"の定義}}{\equiv} ((p \rightarrow r) \vee s) \wedge ((q \rightarrow s) \vee r)$
$\underset{(*)\text{ より}}{\equiv} (\mathrm{I} \vee s) \wedge (\mathrm{I} \vee r)$
$\underset{\text{定理 1.7.3 (1)}}{\equiv} \mathrm{I} \wedge \mathrm{I}$
$\underset{\text{定理 1.7.3 (1)}}{\equiv} \mathrm{I}.$

以上で, $(p \vee q) \rightarrow (r \vee s) \equiv \mathrm{I}$, すなわち, $(p \vee q) \Rightarrow (r \vee s)$ であることが示された.

(3) $(r \rightarrow q) \rightarrow (p \rightarrow s)$
$\underset{\text{"}\rightarrow\text{"の定義}}{\equiv} (\overline{r} \vee q) \rightarrow (\overline{p} \vee s)$
$\underset{\text{"}\rightarrow\text{"の定義}}{\equiv} \overline{\overline{r} \vee q} \vee (\overline{p} \vee s)$
$\underset{\substack{\text{ド・モルガンの法則と}\\\text{ベキ等律}}}{\equiv} (r \wedge \overline{q}) \vee (\overline{p} \vee s)$
$\underset{\text{分配律}}{\equiv} (r \vee \overline{p} \vee s) \wedge (\overline{q} \vee \overline{p} \vee s)$
$\underset{\substack{\text{交換律と}\\\text{結合律}}}{\equiv} ((\overline{p} \vee r) \vee s) \wedge ((\overline{q} \vee s) \vee \overline{p})$
$\underset{\text{"}\rightarrow\text{"の定義}}{\equiv} ((p \rightarrow r) \vee s) \wedge ((q \rightarrow s) \vee \overline{p})$

演習問題の略解

$$\stackrel{(*)\text{より}}{\equiv} (\mathrm{I} \vee s) \wedge (\mathrm{I} \vee \overline{p})$$
$$\stackrel{\text{定理 }1.7.3\,(1)}{\equiv} \mathrm{I} \wedge \mathrm{I}$$
$$\stackrel{\text{定理 }1.7.3\,(1)}{\equiv} \mathrm{I}.$$

以上で, $(r \to q) \to (p \to s) \equiv \mathrm{I}$, すなわち, $(r \to q) \Rightarrow (p \to s)$ であることが示された.

ちなみに, 今証明したばかりの (1) ～ (3) から, 次が導かれる:

定理 p_1, p_2, q_1, q_2 に対して,
$$p_1 \equiv p_2 \text{ かつ } q_1 \equiv q_2$$
のとき, 次が成り立つ.
(a) $p_1 \wedge q_1 \equiv p_2 \wedge q_2$
(b) $p_1 \vee q_1 \equiv p_2 \vee q_2$
(c) $p_1 \to q_1 \equiv p_2 \to q_2$
(d) $p_1 \Rightarrow q_1$ ならば $p_2 \Rightarrow q_2$

証明は, この「主張」の $(a) \sim (c)$ は
$$p = p_1, \quad q = q_1, \quad r = p_2, \quad s = q_2$$
および,
$$p = p_2, \quad q = q_2, \quad r = p_1, \quad s = q_1$$
として, 今証明したばかりの (1) ～ (3) を適用すれば得られる. (d) は,
$$p = p_2, \quad q = q_1, \quad r = p_1, \quad s = q_2$$
として, (3) を適用すると, $(p_1 \to q_1) \Rightarrow (p_2 \to q_2)$ が得られる. したがって, $p_1 \to q_1$ が真ならば, $p_2 \to q_2$ も真である. すなわち, $p_1 \Rightarrow q_1$ ならば, $p_2 \Rightarrow q_2$ である.

[7] (1) x が実数のとき,
$$x > 0 \Rightarrow (x > 0 \text{ または } x < 0)$$
$$\Leftrightarrow x \neq 0$$
$$\Leftrightarrow x^2 \neq 0$$

であり, 逆は成り立たないから, "$x^2 \neq 0$" は "$x > 0$" の**必要条件**である. したがって, **答えは, (イ) である.**

(2) x, y が実数のとき,
$$x = y = 0 \Rightarrow xy = 0$$
で,逆は成り立たない.したがって,"$x = y = 0$" は "$xy = 0$" の**十分条件**である.したがって,**答えは,(ロ)** である.

(3) x, y が実数のとき,"$x/y \geqq 0$" と "$xy \geqq 0$" は,同値(したがって,必要十分条件)であるような気がするが,"**分数 x/y**" という記述には,分母が 0 でない,すなわち,$y \neq 0$ という**暗黙の前提**があることに注意しなければならない.したがって,
$$x/y \geqq 0 \Leftrightarrow (y \neq 0 \quad \text{かつ} \quad xy \geqq 0)$$
$$\Rightarrow xy \geqq 0$$
で,逆は成り立たないから,"$x/y \geqq 0$" は "$xy \geqq 0$" の**十分条件**である.したがって,**答えは,(ロ)** である.

[8]

(1) [論理回路図:p と q それぞれに NOT 回路を通した後,OR 回路で結合,出力 $\overline{p} \vee \overline{q}$]

(2) [論理回路図:p と q を AND 回路で結合した後,NOT 回路を通す,出力 $\overline{p \wedge q}$]

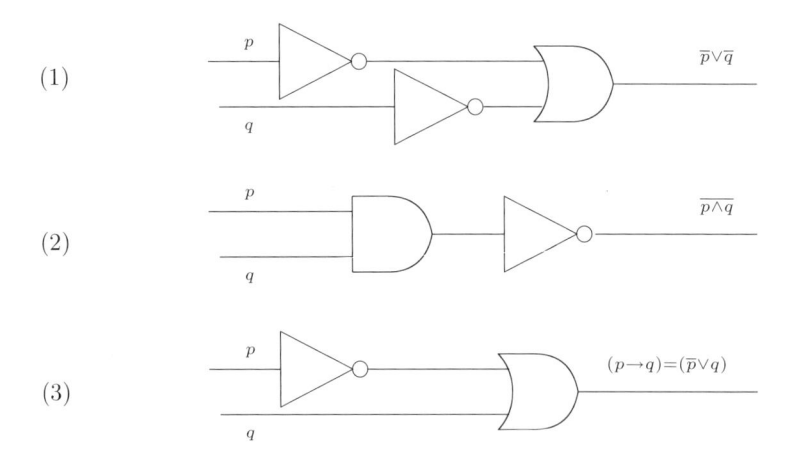

(3) [論理回路図:p に NOT 回路を通した後,q と OR 回路で結合,出力 $(p \to q) = (\overline{p} \vee q)$]

ちなみに,(1) は 2 つの NOT 回路と 1 つの OR 回路が必要なのに対し,(2) は NOT 回路と AND 回路が 1 つずつで構成されている.ところが,ド・モルガンの法則より (1) の論理回路と (2) の論理回路は同じ動作(同じ入力に対して同じ出力)をする.したがって回路に用いられる素子の数からいくと,(2) の論理回路の方が効率的であると言える.

[9] (1) 例えば,$f_2(p, q) = p + q - pq$ とすれば良い.「例えば」と書いたのは,このような値をとる関数は,たくさんあるからで,$f_2(p, q) = p^2 - pq + q^2$ などでも良い.ちな

みに，最大値関数 max, 最小値関数 min (max$\{p,q\}$ とは p と q のうち，小さくない方を表す．min は大きくない方を与える関数である．) を用いると，$f_1(p,q) = \min\{p,q\}$, $f_2(p,q) = \max\{p,q\}$ と表せる．

(2) 例えば $f_3(p) = 1-p$.

(3) 例えば $f_4(p,q) = (p \to q) = (\bar{p} \vee q) = f_2(f_3(p),q) = f_2(1-p,q) = ((1-p)+q-(1-p)q) = (1-p+pq)$.

ちなみに，少し形式的な議論になりますが，以上の関数表現を用いると，

$$p \wedge \bar{p} = p \cdot \bar{p} = p(1-p) = (p-p^2) = (p-p\wedge p)$$

となり，したがって

$$p \wedge \bar{p} = 0 \quad \Leftrightarrow \quad p \wedge p = p$$

です．すなわち，**真理値の観点では**，矛盾律とベキ等律が同値であることがわかります．

[10] ここでは，次の2通りの方法で解いてみることにする．
 (I) 真理表を用いる方法
 (II) A が真のとき，「B の真偽」は「$A \to B$ の真偽」に一致することを用いる方法
(1)
 (I) 真理表を用いる方法
真理表を書くと

p	q	r	$p \to q$	$p \to (q \wedge r)$
1	1	1	1	1
1	1	0	1	0
1	0	1	0	0
1	0	0	0	0
0	1	1	1	1
0	1	0	1	1
0	0	1	1	1
0	0	0	1	1

仮定より $p \Rightarrow q$ であるから，$p \to q$ は真である．したがって，上記の真理表で $p \to q$ の真理値が 1 である行，すなわち，真理表の第 1,2,5,6,7,8 行目のどれかが現在の状態である．これらの各行について，$p \to (q \wedge r)$ の真理値を見てみると，第 1 行目が 1 であり，また，第 2 行目が 0 であるので，可能性としては $p \to (q \wedge r)$ は真にも偽にもなり得る．したがって，真偽の判定はできないことになり，**答えは △ である**．

(II) A が真のとき，「B の真偽」は「$A \to B$ の真偽」に一致することを用いる方法

次により判定する：

(1) 命題 $A \to B$ が恒真命題であるとき，命題 A が真であるという仮定のもとで B は真である．

(2) 命題 $A \to \overline{B}$ が恒真命題であるとき，命題 A が真であるという仮定のもとで $\overline{B}$ は真，すなわち，B は偽である．

(3) 命題 $A \to B$ も命題 $A \to \overline{B}$ もどちらも恒真命題でないとき，命題 A が真であるという仮定のもとで B の真偽の判定はできない．

以上を $A = (p \to q)$, $B = (p \to (q \wedge r))$ として確かめる．(1) のときは ○ で，(2) のときは × で，(3) のとき △ となる．実際に確かめてみると，

$$
\begin{aligned}
A \to B \quad &= \quad (p \to q) \to (p \to (q \wedge r)) \\
&\underset{\text{"$\to$"の定義}}{\equiv} (\overline{p} \vee q) \to (\overline{p} \vee (q \wedge r)) \\
&\underset{\text{"$\to$"の定義}}{\equiv} \overline{\overline{p} \vee q} \vee (\overline{p} \vee (q \wedge r)) \\
&\underset{\substack{\text{ド・モルガンの法則と}\\ \text{ベキ等律}}}{\equiv} (p \wedge \overline{q}) \vee (\overline{p} \vee (q \wedge r)) \\
&\underset{\text{分配律}}{\equiv} (p \vee \overline{p} \vee (q \wedge r)) \wedge (\overline{q} \vee \overline{p} \vee (q \wedge r)) \\
&\underset{\text{排中律}}{\equiv} (\mathrm{I} \vee (q \wedge r)) \wedge (\overline{q} \vee \overline{p} \vee (q \wedge r)) \\
&\underset{\text{定理 1.7.3 (1)}}{\equiv} \mathrm{I} \wedge (\overline{q} \vee \overline{p} \vee (q \wedge r)) \\
&\underset{\text{定理 1.7.3 (1)}}{\equiv} \overline{q} \vee \overline{p} \vee (q \wedge r) \\
&\underset{\text{分配律}}{\equiv} (\overline{q} \vee \overline{p} \vee q) \wedge (\overline{q} \vee \overline{p} \vee r) \\
&\underset{\substack{\text{交換律と}\\ \text{結合律}}}{\equiv} ((q \vee \overline{q}) \vee \overline{p}) \wedge (\overline{p} \vee \overline{q} \vee r) \\
&\underset{\text{排中律}}{\equiv} (\mathrm{I} \vee \overline{p}) \wedge (\overline{p} \vee \overline{q} \vee r) \\
&\underset{\text{定理 1.7.3 (1)}}{\equiv} \mathrm{I} \wedge (\overline{p} \vee \overline{q} \vee r) \\
&\underset{\text{定理 1.7.3 (1)}}{\equiv} \overline{p} \vee \overline{q} \vee r
\end{aligned}
$$

となり，これは恒真命題ではないし，また，

$$
\begin{aligned}
A \to \overline{B} \quad &= \quad (p \to q) \to \overline{p \to (q \wedge r)} \\
&\underset{\text{"$\to$"の定義}}{\equiv} (\overline{p} \vee q) \to \overline{\overline{p} \vee (q \wedge r)} \\
&\underset{\text{"$\to$"の定義}}{\equiv} \overline{\overline{p} \vee q} \vee \overline{\overline{p} \vee (q \wedge r)} \\
&\underset{\substack{\text{ド・モルガンの法則と}\\ \text{ベキ等律}}}{\equiv} (p \wedge \overline{q}) \vee (p \wedge \overline{q \wedge r})
\end{aligned}
$$

演習問題の略解   197

$$\overset{\text{分配律}}{\equiv} \quad p \wedge (\overline{q} \vee \overline{q \wedge r})$$

$$\overset{\text{ド・モルガンの法則}}{\equiv} \quad p \wedge (\overline{q} \vee \overline{q} \vee \overline{r})$$

$$\overset{\text{ベキ等律}}{\equiv} \quad p \wedge (\overline{q} \vee \overline{r})$$

となり，これも恒真命題ではない．したがって，**答えは** △ **である**．

(2)
 (**I**) **真理表を用いる方法**

真理表を書くと

p	q	r	$p \to q$	$p \to (q \vee r)$
1	1	1	1	1
1	1	0	1	1
1	0	1	0	1
1	0	0	0	0
0	1	1	1	1
0	1	0	1	1
0	0	1	1	1
0	0	0	1	1

仮定より $p \Rightarrow q$ であるから，$p \to q$ は真である．したがって，上記の真理表で $p \to q$ の真理値が 1 である行，すなわち，真理表の第 1,2,5,6,7,8 行目のどれかが現在の状態である．これらの各行について，$p \to (q \wedge r)$ の真理値を見てみると，真理値はすべて 1 であるので，$p \to (q \wedge r)$ は真となり，**答えは** ○ **である**．

(**II**) **A が真のとき，「B の真偽」は「$A \to B$ の真偽」に一致することを用いる方法**

$A = (p \to q)$，$B = (p \to (q \vee r))$ として，(1) の場合と同様に，$A \to B$ および $A \to \overline{B}$ が恒真命題であるかどうか確かめる．

$$\begin{aligned}
A \to B &= (p \to q) \to (p \to (q \vee r)) \\
&\overset{\text{"$\to$"の定義}}{\equiv} (\overline{p} \vee q) \to (\overline{p} \vee (q \vee r)) \\
&\overset{\text{"$\to$"の定義}}{\equiv} \overline{\overline{p} \vee q} \vee (\overline{p} \vee (q \vee r)) \\
&\overset{\substack{\text{ド・モルガンの法則と}\\ \text{ベキ等律}}}{\equiv} (p \wedge \overline{q}) \vee (\overline{p} \vee q \vee r) \\
&\overset{\text{分配律}}{\equiv} (p \vee \overline{p} \vee q \vee r) \wedge (\overline{q} \vee \overline{p} \vee q \vee r) \\
&\overset{\substack{\text{交換律と}\\ \text{結合律}}}{\equiv} ((p \vee \overline{p}) \vee q \vee r) \wedge ((q \vee \overline{q}) \vee \overline{p} \vee r) \\
&\overset{\text{排中律}}{\equiv} (\mathrm{I} \vee q \vee r) \wedge (\mathrm{I} \vee \overline{p} \vee r)
\end{aligned}$$

$$\overset{\text{定理 1.7.3 (1)}}{\equiv} \quad \text{I} \wedge \text{I}$$
$$\overset{\text{定理 1.7.3 (1)}}{\equiv} \quad \text{I}$$

となり，$A \to B$ は恒真命題である．したがって，**答えは ○ である**．

(3)
（I）真理表を用いる方法
真理表を書くと

p	q	r	$p \to q$	$(p \wedge r) \to q$
1	1	1	1	1
1	1	0	1	1
1	0	1	0	0
1	0	0	0	1
0	1	1	1	1
0	1	0	1	1
0	0	1	1	1
0	0	0	1	1

仮定より $p \Rightarrow q$ であるから，$p \to q$ は真である．したがって，上記の真理表で $p \to q$ の真理値が 1 である行，すなわち，真理表の第 1,2,5,6,7,8 行目のどれかが現在の状態である．これらの各行について，$(p \wedge r) \to q$ の真理値を見てみると，真理値はすべて 1 であるので，$(p \wedge q) \to r$ は真となり，**答えは ○ である**．

（II）A が真のとき，「B の真偽」は「$A \to B$ の真偽」に一致することを用いる方法
$A = (p \to q)$, $B = (p \wedge r) \to q$ として，(1) の場合と同様に，$A \to B$ および $A \to \overline{B}$ が恒真命題であるかどうか確かめる．

$$
\begin{aligned}
A \to B &= (p \to q) \to ((p \wedge r) \to q) \\
&\overset{\text{``}\to\text{''の定義}}{\equiv} (\overline{p} \vee q) \to (\overline{p \wedge r} \vee q) \\
&\overset{\text{``}\to\text{''の定義}}{\equiv} \overline{\overline{p} \vee q} \vee (\overline{p \wedge r} \vee q) \\
&\overset{\text{ド・モルガンの法則と}}{\underset{\text{ベキ等律}}{\equiv}} (p \wedge \overline{q}) \vee (\overline{p} \vee \overline{r} \vee q) \\
&\overset{\text{分配律}}{\equiv} (p \vee \overline{p} \vee \overline{r} \vee q) \wedge (\overline{q} \vee \overline{p} \vee \overline{r} \vee q) \\
&\overset{\text{交換律と}}{\underset{\text{結合律}}{\equiv}} ((p \vee \overline{p}) \vee q \vee \overline{r}) \wedge ((q \vee \overline{q}) \vee \overline{p} \vee \overline{r}) \\
&\overset{\text{排中律}}{\equiv} (\text{I} \vee q \vee \overline{r}) \wedge (\text{I} \vee \overline{p} \vee \overline{r}) \\
&\overset{\text{定理 1.7.3 (1)}}{\equiv} \text{I} \wedge \text{I}
\end{aligned}
$$

演習問題の略解　　　　　　　　　　　　　　　　　　　　　　　　　199

$$\stackrel{\text{定理 1.7.3 (1)}}{\equiv} \text{I}$$

となり，$A \to B$ は恒真命題である．したがって，**答えは ○ である**．

(4)
　(I)　真理表を用いる方法

真理表を書くと

p	q	r	$p \to q$	$(p \vee r) \to q$
1	1	1	1	1
1	1	0	1	1
1	0	1	0	0
1	0	0	0	0
0	1	1	1	1
0	1	0	1	1
0	0	1	1	0
0	0	0	1	1

仮定より $p \Rightarrow q$ であるから，$p \to q$ は真である．したがって，上記の真理表で $p \to q$ の真理値が 1 である行，すなわち，真理表の第 1,2,5,6,7,8 行目のどれかが現在の状態である．これらの各行について，$p \to (q \wedge r)$ の真理値を見てみると，第 1 行目が 1 であり，また，第 7 行目が 0 であるので，可能性としては $(p \vee r) \to q$ は真にも偽にもなり得るので，真偽の判定はできない．したがって，**答えは △ である**．

(II)　A が真のとき，「B の真偽」は「$A \to B$ の真偽」に一致することを用いる方法

$A = (p \to q)$，$B = ((p \vee r) \to q)$ として，これまでと同様に，$A \to B$ および $A \to \overline{B}$ が恒真命題であるかどうか確かめる．

$$
\begin{aligned}
A \to B &= (p \to q) \to ((p \vee r) \to q) \\
&\stackrel{\text{“→”の定義}}{\equiv} (\overline{p} \vee q) \to (\overline{p \vee r} \vee q) \\
&\stackrel{\text{“→”の定義}}{\equiv} \overline{\overline{p} \vee q} \vee (\overline{p \vee r} \vee q) \\
&\stackrel{\text{ド・モルガンの法則と}}{\underset{\text{ベキ等律}}{\equiv}} (p \wedge \overline{q}) \vee ((\overline{p} \wedge \overline{r}) \vee q) \\
&\stackrel{\text{分配律}}{\equiv} (p \vee (\overline{p} \wedge \overline{r}) \vee q) \wedge (\overline{q} \vee (\overline{p} \wedge \overline{r}) \vee q) \\
&\stackrel{\text{交換律と}}{\underset{\text{結合律}}{\equiv}} (p \vee q \vee (\overline{p} \wedge \overline{r})) \wedge ((q \vee \overline{q}) \vee (\overline{p} \wedge \overline{r})) \\
&\stackrel{\text{排中律}}{\equiv} (p \vee q \vee (\overline{p} \wedge \overline{r})) \wedge (\text{I} \vee (\overline{p} \wedge \overline{r})) \\
&\stackrel{\text{定理 1.7.3 (1)}}{\equiv} (p \vee q \vee (\overline{p} \wedge \overline{r})) \wedge \text{I}
\end{aligned}
$$

$$
\begin{aligned}
&\stackrel{\text{定理 1.7.3 (1)}}{\equiv} && p \vee q \vee (\overline{p} \wedge \overline{r}) \\
&\stackrel{\text{分配律}}{\equiv} && (p \vee q \vee \overline{p}) \wedge (p \vee q \vee \overline{r}) \\
&\stackrel{\text{交換律と排中律}}{\equiv} && (\mathrm{I} \vee q) \wedge (p \vee q \vee \overline{r}) \\
&\stackrel{\text{定理 1.7.3 (1)}}{\equiv} && \mathrm{I} \wedge (p \vee q \vee \overline{r}) \\
&\stackrel{\text{定理 1.7.3 (1)}}{\equiv} && p \vee q \vee \overline{r}
\end{aligned}
$$

となり，これは恒真命題ではないし，また，

$$
\begin{aligned}
A \to \overline{B} &= (p \to q) \to \overline{(p \vee r) \to q} \\
&\stackrel{\text{"→"の定義}}{\equiv} (\overline{p} \vee q) \to \overline{\overline{p \vee r} \vee q} \\
&\stackrel{\text{"→"の定義}}{\equiv} \overline{\overline{p} \vee q} \vee \overline{\overline{p \vee r} \vee q} \\
&\stackrel{\text{ド・モルガンの法則}}{\equiv} (p \wedge \overline{q}) \vee ((p \vee r) \wedge \overline{q}) \\
&\stackrel{\text{分配律}}{\equiv} (p \vee p \vee r) \wedge \overline{q} \\
&\stackrel{\text{ベキ等律}}{\equiv} (p \vee r) \wedge \overline{q}
\end{aligned}
$$

となり，これも恒真命題ではない．したがって，**答えは** △ **である**．

39 ページの演習問題のヒント

演習問題 1： (p, q) の 4 通りの組み合わせのうち，「1 つだけが真で，残りがすべて偽」となる論理式は

(p, q)	$(1, 1)$	$(1, 0)$	$(0, 1)$	$(0, 0)$
$p \wedge q$	1	0	0	0
$p \wedge \overline{q}$	0	1	0	0
$\overline{p} \wedge q$	0	0	1	0
$\overline{p} \wedge \overline{q}$	0	0	0	1

の 4 つである．2 変数の論理式はすべて，これらの論理和を使って書ける．実際，例えば f_3 は

$(*)$ $\qquad (p, q) = (1, 1), (1, 0), (0, 0)$

のときのみ 1 (真) で，残りの場合は 0 (偽) であるから，$(*)$ のそれぞれの場合に対応した論理式 $p \wedge q, p \wedge \overline{q}, \overline{p} \wedge \overline{q}$ を論理和でつないだ

$$(**) \qquad (p \wedge q) \vee (p \wedge \overline{q}) \vee (\overline{p} \wedge \overline{q})$$

は $f_3(p,q)$ と真理値が同じである．((**) のような表現を f_3 の**積和標準形**という[*]．) 以上から，2 変数の論理関数はすべて，否定 (NOT)，論理積 (AND)，論理和 (OR) の 3 つで表現できることがわかった．ところが，200 ページで確かめたように，この 3 つは NAND で表せる．ゆえに，2 変数の論理関数はすべて NAND で表現できることになる．個々の関数を NAND を用いてどう表現するかは**一意的ではない**ので，上記の方法によらずに，もっと簡単に表せる場合もある．実際に確かめてみよう．

演習問題 2：NAND(f_9) は NOR(f_{15}) を用いて，

$$f_9(p,q) = f_{15}(f_{15}(f_{15}(p,p), f_{15}(q,q)), f_{15}(f_{15}(p,p), f_{15}(q,q)))$$

と表される．(これは，否定が $g(p) = f_{15}(p,p)$ と書けることと，$\overline{p \wedge q} = \overline{\overline{\overline{p} \vee \overline{q}}}$ であることを用いている．) 一方，2 変数の論理関数はすべて NAND で表せるから，結局，NOR を用いても表現できることになる．

演習問題 3：「NAND と NOR 以外の論理関数は，それ 1 つだけで他のすべての 2 変数論理関数を表現できるわけではない」ことを示さなければならない[**]．

論理関数 $f_1 \sim f_{16}$ のすべてを表現できる 2 変数論理関数を f とする．このとき，$f(1,1) = 0$ でなければならない．なぜなら，もし $f(1,1) = 1$ とすると，1 という値と f（およびその合成関数）から 0 という値を作ることはできず，したがって $(p,q) = (1,1)$ に対して 0 という値をとる論理関数は表現できなくなるからである．同様に，$f(0,0) = 1$ でなければならない．この 2 つの条件 $f(1,1) = 0, f(0,0) = 1$ を満たす論理関数は

$$f_9, \ f_{11}, \ f_{13}, \ f_{15}$$

の 4 つである．真理値からみると，$f_{11}(p,q) = \overline{q}$ なので，p, q と f_{11}（およびその合成関数）から表現できるのは，$p, q, \overline{p}, \overline{q}$（および，それらと同値な論理式）だけである．したがって，f_{11} は求めるものではない．同様に，$f_{13}(p,q) = \overline{p}$ なので，f_{13} も適さないことがわかる．したがって，求めるものは NAND (f_9) と NOR (f_{15}) だけである．

第 2 章

[1] x は「料理」の全体を動くとき，「この店のスペシャルメニューの x という料理を 30 分以内で食べる」という命題関数を $p(x)$ とし，「店員さんが写真を撮ってくれる」と

---

[*] 積和標準形は，論理積を用いた式を論理和でつないだ形のものであるが，反対に，論理和を用いた式を論理積でつないだ形の表現方法もある．こちらの方は**和積標準形**と呼ばれている．実は，2 変数に限らず，すべての論理関数 (論理式) は，一般の積和標準形 (あるいは和積標準形) で表されることも知られている．

[**] 一般に，「できること」を証明するより「できないこと」を示す方が難しい．ある方法でできなかったからといって，「できない」と結論することはできない．「できない」というのは，**どんな方法を使ってもできない**のであり，証明には工夫が必要である．

いう命題を q とすると，与えられた命題は，$\forall x\ p(x) \to q$ である．したがって，その命題の否定は，$\overline{\forall x\ p(x) \to q} \equiv \overline{\overline{\forall x\ p(x)} \vee q} \equiv \forall x\ p(x) \wedge \overline{q}$ となり，**答えは (3) である．**

[2] x は「人間」の全体を動き，y は「金額」の全体を動くとき，「x が y という金額のお金を，私にくれる」という命題関数を $p(x,y)$ とし，「私は幸福になる」という命題を q とすると，与えられた命題は，$\forall x\ \exists y\ p(x,y) \to q$ である．したがって，その命題の否定は，$\overline{\forall x\ \exists y\ p(x,y) \to q} \equiv \overline{\overline{\forall x\ \exists y\ p(x,y)} \vee q} \equiv \forall x\ \exists y\ p(x,y) \wedge \overline{q}$ となり，**答えは (4) である．**

[3] x は「人間」の全体を動くとき，「x が『クレヨンしんちゃん』である」という命題関数を $p(x)$ とおく．さらに，「学校がなくなる」という命題を q とし，y は「宿題」の全体を動くとき，「y がなくなる」という命題関数を $r(y)$ とおく．このとき，与えられた命題は，$\forall x\ p(x) \to (q \wedge \forall y\ r(y))$ となる．したがって，その命題の否定は，$\overline{\forall x\ p(x) \to (q \wedge \forall y\ r(y))} \equiv \overline{\overline{\forall x\ p(x)} \vee (q \wedge \forall y\ r(y))} \equiv \forall x\ p(x) \wedge (\overline{q} \vee \exists y\ \overline{r(y)})$ となり，**答えは (1) である．**

[4] (1) x は「友人」の全体を動き，y は「エアコンなしで過ごす暑い日」の全体を動くとき，「x は y に 天に向かって『勘弁してくれ〜』と叫ぶ」という命題関数を $p(x,y)$ とすると，与えられた命題は，$\exists x\ \exists y\ p(x,y)$ である．したがって，その命題の否定は，$\overline{\exists x\ \exists y\ p(x,y)} \equiv \forall x\ \forall y\ \overline{p(x,y)}$ となり，答えは「**すべての友人は，すべての，エアコンなしで過ごす暑い日に，天に向かって『勘弁してくれ〜』と叫ばない**」となる．

(2) x は「博多の(ラーメン)店」の全体を動き，y は「フランス料理」の全体を動くとき，「x のラーメンは値段が安い」，「x のラーメンは y よりおいしい」という命題関数をそれぞれ $p(x)$，$q(x,y)$ とすると，与えられた命題は，$\exists x\ (p(x) \wedge \forall y\ q(x,y))$ である．したがって，その命題の否定は，$\overline{\exists x\ (p(x) \wedge \forall y\ q(x,y))} \equiv \forall x\ \overline{p(x) \wedge \forall y\ q(x,y)} \equiv \forall x\ (\overline{p(x)} \vee \exists y\ \overline{q(x,y)})$ となり，答えは「**博多のすべての店のラーメンは，安くないか，あるいは，あるフランス料理よりおいしくない**」となる．（注意：この問題では，命題の構造をどう解釈し，記号化するか迷った人がいるかもしれません．主語が1つで述語が2つなので，上記のようにしました．結果から言うと，解釈の仕方（記号化の仕方）によらず，答えは同じものが得られます．）

(3) x は「(自動販売機の) ボタン」の全体を動くとき，「x を押す」という命題関数を $p(x)$ とする．また，y は「缶」の全体を動くとき，「y が出てくる」という命題関数を $q(y)$ とし，「店のおじさんが出てくる」という命題を r とする．このとき，与えられた命題は，$\forall x\ p(x) \to (\exists y\ q(y) \vee r)$ である．したがって，その命題の否定は，$\overline{\forall x\ p(x) \to (\exists y\ q(y) \vee r)} \equiv \overline{\overline{\forall x\ p(x)} \vee (\exists y\ q(y) \vee r)} \equiv \forall x\ p(x) \wedge \overline{\exists y\ q(y) \vee r} \equiv \forall x\ p(x) \wedge (\overline{\exists y\ q(y)} \wedge \overline{r}) \equiv \forall x\ p(x) \wedge (\forall y\ \overline{q(y)} \wedge \overline{r})$ となり，答えは「**自動販売機のすべてのボタンを押しても，缶は全く出てこないし，店のおじさんも出てこない**」となる．

ちなみに，「すべての缶は出てこない」と書くと，「すべての缶が出てくるわけではない ($\overline{\forall y\ q(y)}$)」と誤解される場合もあるので，「缶が全く出てこない ($\forall y\ \overline{q(y)}$)」という表現にしました．あいまいさや誤解を生ずる可能性のあるときは，同じ意味の別な表現を用いることは大切です．**人に正しく内容を伝えるという原点を忘れてはなりません．**

(4) x は「人間」の全体を動くとき，「x が「サザエさん」をずっとテレビで見続ける」という命題関数を $p(x)$ とする．また，「イクラちゃんは『バブー』としか言わない」という命題を q とし，「カツオは小学生のままである」という命題を r とする．このとき，与えられた命題は，$\forall x\ p(x) \to (q \wedge r)$ となる．したがって，その命題の否定は，$\overline{\forall x\ p(x) \to (q \wedge r)} \equiv \overline{\forall x\ p(x)} \vee (q \wedge r) \equiv \forall x\ p(x) \wedge \overline{q \wedge r} \equiv \forall x\ p(x) \wedge (\overline{q} \vee \overline{r})$ となり，答えは，「すべての人が「サザエさん」をテレビで見続けていても，イクラちゃんは『バブー』以外の言葉を言うか，または，だまっているか，あるいは，カツオは小学生のままでない」となる．「『バブー』としか言わない」の否定は，「『バブー』以外の言葉を言うか，または，だまっているか」であることに注意．少しややこしかったですね，すみません．ちなみに，「ずっと」を「毎週」，すなわち，「すべての週」と解釈して，否定命題を作っても，答えは同じです．

(5) x は「人間」の全体を動くとき，「x は『バカボンのパパ』である」という命題関数を $p(x)$ とする．また，y は「戦争」の全体を動くとき，「y がなくなる」という命題関数を $q(y)$ とし，「『これでいいのだ』の一言でけんかが丸くおさまる」という命題を r とする．このとき，与えられた命題は，$\forall x\ p(x) \to (\forall y\ q(y) \wedge r)$ となる．したがって，その命題の否定は，$\overline{\forall x\ p(x) \to (\forall y\ q(y) \wedge r)} \equiv \overline{\forall x\ p(x)} \vee (\forall y\ q(y) \wedge r) \equiv \forall x\ p(x) \wedge \overline{\forall y\ q(y) \wedge r} \equiv \forall x\ p(x) \wedge (\overline{\forall y\ q(y)} \vee \overline{r}) \equiv \forall x\ p(x) \wedge (\exists y\ \overline{q(y)} \vee \overline{r})$ となり，答えは，「すべての人間が，『バカボンのパパ』であっても，ある戦争はなくならないか，あるいは，『これでいいのだ』の一言でけんかが丸くおさまらない」となる．

(6) x は「子供」の全体を動くとき，「『一匹の怪獣をウルトラ兄弟が寄ってたかってやっつける』場面を，x が，テレビで見る」という命題関数を $p(x)$ とする．また，y も「子供」の全体を動くとき，「y はイジメに走る」という命題関数を $q(y)$ とし，「y はおもちゃ屋に走る」という命題関数を $r(y)$ とする．このとき，与えられた命題は，$\forall x\ p(x) \to \exists y\ (q(y) \vee r(y))$ となる．したがって，その命題の否定は，$\overline{\forall x\ p(x) \to \exists y\ (q(y) \vee r(y))} \equiv \overline{\forall x\ p(x)} \vee \exists y\ (q(y) \vee r(y)) \equiv \forall x\ p(x) \wedge \overline{\exists y\ (q(y) \vee r(y))} \equiv \forall x\ p(x) \wedge \forall y\ \overline{q(y) \vee r(y)} \equiv \forall x\ p(x) \wedge \forall y\ (\overline{q(y)} \wedge \overline{r(y)})$ となり，答えは，「『一匹の怪獣をウルトラ兄弟が寄ってたかってやっつける』場面を，すべての子供達が，テレビで見ても，すべての子供は，イジメに走らないし，おもちゃ屋にも走らない」となる．

[5] (1) $x = 0$ のとき，$xy = 1$ となる y は存在しないから，この命題は偽である．

(2) $x \in \mathbb{R}$ に対して，$y = -x$ とおけば，$x + y = x + (-x) = 0$ となるから，命題は真である．

(3) 0 でないすべての実数 x に対して $y = 1/x$ となるような y は，明らかに存在しない．したがって，この命題は偽である．

(4) すべての実数 x に対して $y = -x$ となるような y は，明らかに存在しない．したがって，この命題は偽である．

[6]

(1)
$$\forall x\, p(x) \to \exists x\, q(x) \underset{\text{"}\to\text{"の定義}}{\equiv} \overline{\forall x\, p(x)} \vee \exists x\, q(x)$$
$$\underset{\text{定理 2.7.1 (1)}}{\equiv} \exists x\, \overline{p(x)} \vee \exists x\, q(x)$$
$$\underset{\text{定理 2.4.10 (1)}}{\equiv} \exists x\, (\overline{p(x)} \vee q(x))$$
$$\underset{\text{"}\to\text{"の定義}}{\equiv} \exists x\, (p(x) \to q(x))$$

(2)
$$\exists x\, p(x) \to \forall x\, q(x) \underset{\text{"}\to\text{"の定義}}{\equiv} \overline{\exists x\, p(x)} \vee \forall x\, q(x)$$
$$\underset{\text{定理 2.7.1 (2)}}{\equiv} \forall x\, \overline{p(x)} \vee \forall x\, q(x)$$
$$\underset{\text{定理 2.2.10 (2)}}{\Rightarrow} \forall x\, (\overline{p(x)} \vee q(x))$$
$$\underset{\text{"}\to\text{"の定義}}{\equiv} \forall x\, (p(x) \to q(x))$$

[7] (1) 仮定より
$$\forall x\, (p(x) \vee q) \underset{\text{注意 2.2.4}}{\equiv} (p(a_1) \vee q) \wedge \cdots \wedge (p(a_n) \vee q)$$
$$\underset{\substack{\text{分配律の} \\ \text{繰り返しの使用}}}{\equiv} (p(a_1) \wedge \cdots \wedge p(a_n)) \vee q$$
$$\underset{\text{注意 2.2.4}}{\equiv} \forall x\, p(x) \vee q$$

となる．

ちなみに，注意 2.2.11 で述べたように，$\forall x\, (p(x) \vee q(x)) \equiv \forall x\, p(x) \vee \forall x\, q(x)$ は**一般には成り立たない**が，$q(x) = q$（x によらない命題）のときは，分配律を用いて上記のように q をいっせいにくくり出せるので，成り立つというわけである．（q が x によらないとき $\forall x\, q \equiv q$ であることに注意．）

(2) 仮定より
$$\exists x\, (p(x) \wedge q) \underset{\text{注意 2.4.4}}{\equiv} (p(a_1) \wedge q) \vee \cdots \vee (p(a_n) \wedge q)$$
$$\underset{\substack{\text{分配律の} \\ \text{繰り返しの使用}}}{\equiv} (p(a_1) \vee \cdots \vee p(a_n)) \wedge q$$
$$\underset{\text{注意 2.4.4}}{\equiv} \exists x\, p(x) \wedge q$$

となる．

注意 2.4.11 で述べたように，$\exists x\ p(x) \wedge \exists x\ q(x) \equiv \exists x\ (p(x) \wedge q(x))$ は**一般には成り立たない**が，$q(x) = q$（x によらない命題）のときは (1) と同様に成り立つ．（q が x によらないとき $\exists x\ q \equiv q$ であることに注意．）

[8] (1)
$$\forall x\ (p(x) \to q) \stackrel{\text{"}\to\text{"の定義}}{\equiv} \forall x\ (\overline{p(x)} \vee q)$$
$$\stackrel{[7]\ (1)}{\equiv} \forall x\ \overline{p(x)} \vee q$$
$$\stackrel{\text{定理 1.6.1 (2)}}{\equiv} \overline{\exists x\ p(x)} \vee q$$
$$\stackrel{\text{"}\to\text{"の定義}}{\equiv} \exists x\ p(x) \to q$$

(2)
$$\exists x\ (p(x) \to q) \stackrel{\text{"}\to\text{"の定義}}{\equiv} \exists x\ (\overline{p(x)} \vee q)$$
$$\stackrel{\text{定理 2.4.10 (1)}}{\equiv} \exists x\ \overline{p(x)} \vee q$$
$$\stackrel{\text{定理 1.6.1 (1)}}{\equiv} \overline{\forall x\ p(x)} \vee q$$
$$\stackrel{\text{"}\to\text{"の定義}}{\equiv} \forall x\ p(x) \to q$$

(3)
$$\forall x\ (p \to q(x)) \stackrel{\text{"}\to\text{"の定義}}{\equiv} \forall x\ (\overline{p} \vee q(x))$$
$$\stackrel{[7]\ (1)}{\equiv} \overline{p} \vee \forall x\ q(x)$$
$$\stackrel{\text{"}\to\text{"の定義}}{\equiv} p \to \forall x\ q(x)$$

(4)
$$\exists x\ (p \to q(x)) \stackrel{\text{"}\to\text{"の定義}}{\equiv} \exists x\ (\overline{p} \vee q(x))$$
$$\stackrel{\text{定理 2.4.10 (1)}}{\equiv} \overline{p} \vee \exists x\ q(x)$$
$$\stackrel{\text{"}\to\text{"の定義}}{\equiv} p \to \exists x\ q(x)$$

[9]

(1)
$$\overline{\exists x\ \forall y\ (p(x,y) \wedge r(x))} \stackrel{\text{定理 2.7.1(2)}}{\equiv} \forall x\ \overline{\forall y\ p(x,y) \wedge r(x)}$$
$$\stackrel{\text{定理 2.7.1(1)}}{\equiv} \forall x\ \exists y\ \overline{p(x,y) \wedge r(x)}$$
$$\stackrel{\text{ド・モルガンの法則}}{\equiv} \forall x\ \exists y\ (\overline{p(x,y)} \vee \overline{r(x)}).$$

(2)
$$\overline{\forall x\ \exists y\ p(x,y) \to \exists x\ r(x)} \stackrel{\text{"}\to\text{"の定義}}{\equiv} \overline{\overline{\forall x\ \exists y\ p(x,y)} \vee \exists x\ r(x)}$$
$$\stackrel{\text{ド・モルガンの法則}}{\equiv} \overline{\overline{\forall x\ \exists y\ p(x,y)}} \wedge \overline{\exists x\ r(x)}$$
$$\stackrel{\substack{\text{ベキ等律，および}\\ \text{定理 2.7.1(2)}}}{\equiv} \forall x\ \exists y\ p(x,y) \wedge \forall x\ \overline{r(x)}$$
$$\stackrel{\text{定理 2.2.10(1)}}{\equiv} \forall x\ (\exists y\ p(x,y) \wedge \overline{r(x)}).$$

(3)
$$\overline{\forall x\ (\exists y\ p(x,y) \to r(x)) \to \exists x\ \exists y\ q(x,y)}$$

$\underset{\text{``}\to\text{''の定義}}{\equiv} \overline{\overline{\forall x\ (\exists y\ p(x,y) \to r(x))} \vee \exists x\ \exists y\ q(x,y)}$

$\underset{\text{``}\to\text{''の定義}}{\equiv} \overline{\forall x\ (\overline{\exists y\ p(x,y)} \vee r(x)) \vee \exists x\ \exists y\ q(x,y)}$

$\underset{\text{ド・モルガンの法則}}{\equiv} \overline{\forall x\ (\overline{\exists y\ p(x,y)} \vee r(x))} \wedge \overline{\exists x\ \exists y\ q(x,y)}$

$\underset{\substack{\text{ベキ等律,および}\\ \text{定理 2.7.1(2)}}}{\equiv} \forall x\ (\overline{\exists y\ p(x,y)} \vee r(x)) \wedge \forall x\ \overline{\exists y\ q(x,y)}$

$\underset{\text{定理 2.7.1(2)}}{\equiv} \forall x\ (\forall y\ \overline{p(x,y)} \vee r(x)) \wedge \forall x\ \forall y\ \overline{q(x,y)}.$

(3) については，ここまでの変形で，とりあえず正解としたい．実はもう少し簡単な形に変形できる．実際，第 2 章の章末の演習問題 [7] (1) を用いると，

(*) $\qquad \forall y\ \overline{p(x,y)} \vee r(x) \equiv \forall y\ (\overline{p(x,y)} \vee r(x))$

であるので ($r(x)$ は y によらないことに注意)，上の同値変形の最後に出てきた式は，さらに変形できて

$$\forall x\ (\forall y\ \overline{p(x,y)} \vee r(x)) \wedge \forall x\ \forall y\ \overline{q(x,y)}$$

$\underset{(*)}{\equiv} \forall x\ \forall y\ (\overline{p(x,y)} \vee r(x)) \wedge \forall x\ \forall y\ \overline{q(x,y)}$

$\underset{\substack{\text{定理 2.2.10(1)}\\ \text{の 2 回の使用}}}{\equiv} \forall x\ \forall y\ \left\{(\overline{p(x,y)} \vee r(x)) \wedge \overline{q(x,y)}\right\}$

となるからである．同様に，(2) についても $\forall x\ \exists y\ (p(x,y) \wedge \overline{r(x)})$ に変形できる．

第 3 章

[1] まず，一般に，
$$B = (B \cap A) \cup (B - A)$$

であることに注意しておく．このとき，
$\qquad B = A \cup (B - A)$
$\Leftrightarrow$
$\qquad (B \cap A) \cup (B - A) = A \cup (B - A)$
$\Leftrightarrow$
$\qquad (B \cap A) = A$
$\Leftrightarrow$

演習問題の略解   207

$$A \subset B.$$

ここで，2つめの"⇔"は，次のようにして得られる．"⇐"は明らかなので，"⇒"を示す．まず，

$$(B \cap A) \cup (B - A) = A \cup (B - A)$$

の両辺と A との共通部分をとると

$$((B \cap A) \cup (B - A)) \cap A = (A \cup (B - A)) \cap A.$$

そこで，分配律を用いると

$$(B \cap A) \cup ((B - A) \cap A) = A \cup ((B - A) \cap A).$$

ここで，$(B - A) \cap A = \emptyset$ に注意すれば，$B \cap A = A$ が得られる[*]．

[2] (1) ⇒ (2) は明らか．

(2) ⇒ (1):

$$\begin{aligned}
A &\stackrel{\text{定理 3.1.28 (1)}}{=} (A \cap C) \cup (A - C) \\
&\stackrel{\text{定理 3.1.28 (2)}}{=} (A \cap C) \cup ((A \cup C) - C) \\
&\stackrel{\text{仮定}}{=} (B \cap C) \cup ((B \cup C) - C) \\
&\stackrel{\text{定理 3.1.28 (2)}}{=} (B \cap C) \cup (B - C) \\
&\stackrel{\text{定理 3.1.28 (1)}}{=} B.
\end{aligned}$$

[3] (1) $x \in A \Rightarrow f(x) \in f(A) \Rightarrow x \in f^{-1}(f(A))$ であるから，$A \subset f^{-1}(f(A))$ となる．

(2) f が単射ならば，$f^{-1}(f(A)) = A$ は明らかであるから，逆を示す．$f(x_1) = f(x_2)(x_1, x_2 \in A)$ とすると，$\{x_1\} = f^{-1}(f(\{x_1\})) = f^{-1}(f(x_1)) = f^{-1}(f(x_2)) = f^{-1}(f(\{x_2\})) = \{x_2\}$，したがって，$x_1 = x_2$ となり，f は単射である．

---

[*] どうしてこのような証明が思いつくのか疑問に思った人も，心配する必要はありません．略解というのは，紙数の関係上わかりやすさを犠牲にして，簡潔な形で書くことも多く，証明には"お化粧"が施されています．実際には，少しヤボッタイですが，141ページや149ページの「実戦的アドバイス」にしたがって，証明する方がツブシがききます．例えば，ここでは，

(a)　　$B = A \cup (B - A)$ ならば $A \subset B$ であること

および

(b)　　$A \subset B$ ならば $B = A \cup (B - A)$ であること

をそれぞれ示せば良く，さらに，(a) については，$B = A \cup (B - A)$ という仮定のもとで，$x \in A$ ならば $x \in B$ であることを証明すれば良いことは言うまでもありません．

(3)
$$x \in f(f^{-1}(B))$$
$\Rightarrow$
$\exists y \in f^{-1}(B)$ が存在して，$f(y) = x$ である
$\Rightarrow$
$$x = f(y) \in B$$
となるから，$f(f^{-1}(B)) \subset B$ である．

(4) f が全射ならば，$f(f^{-1}(B)) = B$ は明らかであるから，逆を示す．$\forall y \in Y$ に対して，$\{y\} = f(f^{-1}(\{y\}))$ である．したがって，$f^{-1}(\{y\})$ の要素を 1 つ取り，それを x とすると，$f(x) = y$ となるから，f は全射である．

(5)
$$y \in f(A \cap f^{-1}(B))$$
$\Leftrightarrow$
$\exists x \in A \cap f^{-1}(B)$ が存在して，$f(x) = y$ である
$\Leftrightarrow$
$\exists x \in A$ が存在して，$(f(x) \in B$ かつ $f(x) = y)$ である
$\Leftrightarrow$
$\exists x \in A$ が存在して，$(y \in B$ かつ $f(x) = y)$ である
$\Leftrightarrow$
$\exists x \in A$ が存在して，$f(x) = y$ であり，かつ $y \in B$ である．
$\Leftrightarrow$
$y \in f(A)$ かつ $y \in B$ である．
$\Leftrightarrow$
$y \in f(A) \cap B$ である．

[4] (1) $\Rightarrow$ (2) は明らかであるから，逆を背理法で示す．単射でないとする．すなわち，X のある要素 x_1, x_2 が存在して，$x_1 \neq x_2$ かつ $f(x_1) = f(x_2)$ である．このとき，$f(\{x_1\}) \stackrel{\text{集合}\{x_1\}\text{の}}{\underset{f\text{による像 (注意 3.2.2)}}{=}} \{f(x_1)\} \stackrel{\text{仮定 "}f(x_1)=f(x_2)\text{"}}{=} \{f(x_1)\} \cap \{f(x_2)\} \stackrel{\text{注意 3.2.2}}{=} f(\{x_1\}) \cap f(\{x_2\}) \stackrel{\text{仮定}}{=} f(\{x_1\} \cap \{x_2\}) \stackrel{\text{仮定 "}x_1 \neq x_2\text{"}}{=} f(\emptyset) = \emptyset$ となり，矛盾である．

[5] ベキ集合 $\mathcal{P}_X$ の任意の要素（すなわち，X の部分集合）A に対して，X から $\{0, 1\}$ への写像 f_A を次のように定める．

$$f_A(x) = \begin{cases} 1 & x \in A \text{ のとき} \\ 0 & x \in A^c \text{ のとき} \end{cases}$$

演習問題の略解　　　　　　　　　　　　　　　　　　　　　　　　　209

このとき，対応 $A \to f_A$ は，$\mathcal{P}_X$ から $\{0,1\}^X$ への写像を与えている．これが全単射であることは，容易に確かめられる．

[6] (1)
$$(A \cup B) - (A \cap B) \stackrel{\substack{差集合 \\ の定義}}{=} (A \cup B) \cap (A \cap B)^c$$
$$\stackrel{ド \cdot モルガンの法則}{=} (A \cup B) \cap (A^c \cup B^c)$$
$$\stackrel{\substack{分配律の \\ 2回の適用}}{=} (A \cap A^c) \cup (A \cap B^c) \cup (B \cap A^c) \cup (B \cap B^c)$$
$$\stackrel{注意 3.1.34\,(1)}{=} \emptyset \cup (A \cap B^c) \cup (B \cap A^c) \cup \emptyset$$
$$\stackrel{注意 3.1.24\,(2)}{=} (A \cap B^c) \cup (B \cap A^c)$$
$$\stackrel{"\triangle"の定義}{=} A \triangle B.$$

(2)
$$(A \triangle B)^c \stackrel{"\triangle''の定義}{=} ((A \cap B^c) \cup (A^c \cap B))^c$$
$$\stackrel{ド \cdot モルガンの法則}{=} (A \cap B^c)^c \cap (A^c \cap B)^c$$
$$\stackrel{\substack{ド \cdot モルガンの法則と \\ 注意 3.1.34\,(3)}}{=} (A^c \cup B) \cap (A \cup B^c)$$
$$\stackrel{\substack{分配律の \\ 2回の適用}}{=} (A^c \cap A) \cup (A^c \cap B^c) \cup (B \cap A) \cup (B \cap B^c)$$
$$\stackrel{注意 3.1.34\,(1)}{=} \emptyset \cup (A^c \cap B^c) \cup (B \cap A) \cup \emptyset$$
$$\stackrel{注意 3.1.24\,(2)}{=} (A \cap B) \cup (A^c \cap B^c).$$

(3)
$$(A \triangle B) \triangle C \stackrel{"\triangle"の定義}{=} ((A \triangle B)^c \cap C) \cup ((A \triangle B) \cap C^c)$$
$$\stackrel{(2)より}{=} (((A \cap B) \cup (A^c \cap B^c)) \cap C) \cup (((A \cap B^c) \cup (A^c \cap B)) \cap C^c)$$
$$\stackrel{分配律}{=} (A \cap B \cap C) \cup (A^c \cap B^c \cap C) \cup (A \cap B^c \cap C^c) \cup (A^c \cap B \cap C^c)$$

となる．(A, B, C について対称的であることに注意．) 同様にして，

$$A \triangle (B \triangle C) \stackrel{"\triangle"の定義}{=} (A \cap (B \triangle C)^c) \cup (A^c \cap (B \triangle C))$$
$$\stackrel{(2)より}{=} (A \cap ((B \cap C) \cup (B^c \cap C^c))) \cup (A^c \cap ((B \cap C^c) \cup (B^c \cap C)))$$
$$\stackrel{分配律}{=} (A \cap B \cap C) \cup (A \cap B^c \cap C^c) \cup (A^c \cap B \cap C^c) \cup (A^c \cap B^c \cap C).$$

以上から，求める等式が得られる．

(4) $A \triangle B$ の定義は，A, B について対称であるから，明らかに成り立つ．

(5) 「さらに詳しく」以降を証明すれば十分である．
$$A \triangle B = A$$
$\Leftrightarrow$
$$(A \cap B^c) \cup (B \cap A^c) = A$$
$\Leftrightarrow$
$$A \cap B^c = A \text{ かつ } B \cap A^c = \emptyset$$
$\Leftrightarrow$
$$A \subset B^c \text{ かつ } B \subset A$$
$\Leftrightarrow$
$$B \subset A^c \text{ かつ } B \subset A$$
$\Leftrightarrow$
$$B = \emptyset$$

となる．ここで，2つめの "$\Leftrightarrow$" は，$A \cap B^c \subset A$ かつ $B \cap A^c \subset A^c$ であることから直ちに得られる．

(6) 「さらに詳しく」以降を証明すれば十分である．
$$A \triangle B = \emptyset$$
$\Leftrightarrow$
$$(A \cap B^c) \cup (B \cap A^c) = \emptyset$$
$\Leftrightarrow$
$$A \cap B^c = \emptyset \text{ かつ } B \cap A^c = \emptyset$$
$\Leftrightarrow$
$$A \subset B \text{ かつ } B \subset A$$
$\Leftrightarrow$
$$A = B$$

となる．

(7) 「さらに詳しく」以降を証明すれば十分である．
$$A \triangle B = A^c$$
$\Leftrightarrow$
$$(A \cap B^c) \cup (B \cap A^c) = A^c$$
$\Leftrightarrow$
$$A \cap B^c = \emptyset \text{ かつ } B \cap A^c = A^c$$
$\Leftrightarrow$
$$A \subset B \text{ かつ } A^c \subset B$$

演習問題の略解　　　　　　　　　　　　　　　　　　　　　　　　　　211

$\Leftrightarrow$
$B = X$

となる．ここで，2つめの "$\Leftrightarrow$" は，$A \cap B^c \subset A$ かつ $B \cap A^c \subset A^c$ であることから直ちに得られる．

(8) 「さらに詳しく」以降を証明すれば十分である．
$A \triangle B = X$
$\Leftrightarrow$
$(A \cap B^c) \cup (B \cap A^c) = X$
$\Leftrightarrow$
$A \cap B^c = A$ かつ $B \cap A^c = A^c$
$\Leftrightarrow$
$A \subset B^c$ かつ $A^c \subset B$
$\Leftrightarrow$
$B \subset A^c$ かつ $A^c \subset B$
$\Leftrightarrow$
$B = A^c$

となる．ここで，2つめの "$\Leftrightarrow$" は，$A \cap B^c \subset A$ かつ $B \cap A^c \subset A^c$ であることから直ちに得られる．

(9) $A \triangle B \stackrel{\text{"}\triangle\text{"の定義}}{=} (A \cap B^c) \cup (A^c \cap B)$
$\stackrel{\text{注意 3.1.34 (3)}}{=} ((A^c)^c \cap B^c) \cup (A^c \cap (B^c)^c)$
$\stackrel{\text{"}\triangle\text{"の定義}}{=} A^c \triangle B^c.$

ちなみに，$A \triangle A^c = X = B \triangle B^c$ であるから，後出の (11) から直ちに導くこともできる．

(10) $A \triangle Y = B$ とすると，

$Y \stackrel{(5) \text{より}}{=} \emptyset \triangle Y$
$\stackrel{(6) \text{より}}{=} (A \triangle A) \triangle Y$
$\stackrel{(3) \text{より}}{=} A \triangle (A \triangle Y)$
$\stackrel{\text{仮定から}}{=} A \triangle B.$

ゆえに，$Y = A \triangle B$ となる．

ちなみに，対称差 $\triangle$ は，集合 A, B に対して，集合 $A \triangle B$ を対応させるもので，**集合上の演算と見なすことができるが**，(3), (4), (5), (6) は，**それが可換群**[*]**であること**を示している．（単位元は空集合，逆元はそれ自身．）そう考えると，(10) は自然に出てくる．

(11) $A_1 \triangle A_2 = B_1 \triangle B_2$ とすると，

$$A_1 \triangle B_1 \stackrel{(5)\text{より}}{=} A_1 \triangle \emptyset \triangle B_1$$
$$\stackrel{(6)\text{より}}{=} A_1 \triangle A_2 \triangle A_2 \triangle B_1$$
$$\stackrel{\text{仮定から}}{=} B_1 \triangle B_2 \triangle A_2 \triangle B_1$$
$$\stackrel{(4)\text{より}}{=} B_2 \triangle A_2 \triangle B_1 \triangle B_1$$
$$\stackrel{(6)\text{より}}{=} B_2 \triangle A_2 \triangle \emptyset$$
$$\stackrel{(5)\text{より}}{=} B_2 \triangle A_2$$
$$\stackrel{(4)\text{より}}{=} A_2 \triangle B_2.$$

ゆえに，$A_1 \triangle B_1 = A_2 \triangle B_2$ となる．

(12) $\quad A \cap (B \triangle C) \stackrel{\text{``}\triangle\text{''の定義}}{=} A \cap ((B - C) \cup (C - B))$
$$\stackrel{\text{分配律}}{=} (A \cap (B - C)) \cup (A \cap (C - B))$$
$$\stackrel{\text{定理 3.1.28 (3)}}{=} ((A \cap B) - (A \cap C)) \cup ((A \cap C) - (A \cap B))$$
$$\stackrel{\text{``}\triangle\text{''の定義}}{=} (A \cap B) \triangle (A \cap C).$$

---

[*] 集合 X の 2 つの要素 a, b に対して，X の新たな要素 $a * b$ を対応させる規則（すなわち，$X \times X$ から X への写像のこと）があり，次の 3 つの条件を満たすとき，X を $*$ を演算とする **群 (group)** であるという：

(i) （結合律） $\quad (a * b) * c = a * (b * c) \quad (a, b, c \in X)$
(ii) （単位元の存在） $\quad \exists e \in X$ s.t. $a * e = e * a = e$ for $\forall a \in X$
(iii) （逆元の存在） $\quad \forall a \in X$ に対して，$\exists \bar{a} \in X$ が存在して $a * \bar{a} = \bar{a} * a = e$

要するに，**群とは，代数的に最低限必要な性質を兼ね備えた対象**のことである．ここで，「**最低限必要な性質**」とは，"どこから計算しても同じ" という (i) の結合律 と，"逆演算ができる" という (iii) の性質である．また，単位元の存在を保証する (ii) は，逆元を定義するために必要である．さらに，**可換群**とは，

(iv) （交換律） $\quad a * b = b * a \quad (a, b \in X)$

を満たす群のことである．

[7] (1)
$$A \subset B$$
$$\Leftrightarrow$$
$$x \in A \text{ ならば } x \in B$$
$$\Leftrightarrow$$
$$\chi_A(x) = 1 \text{ ならば } \chi_B(x) = 1$$
$$\Leftrightarrow$$
$$\chi_A(x) \leq \chi_B(x).$$

ここで，3つめの "⇔" は，次のことから得られる．$\chi_A(x) = 0$ または 1 であるが，$\chi_A(x) = 1$ のときは，$\chi_A(x) \leq \chi_B(x)$ は明らかに成り立つ．

(2) は (1) より明らか．

(3) $$x \in A \cap B \quad \Leftrightarrow \quad (x \in A \text{ かつ } x \in B)$$

であるから，

$$\chi_{A \cap B}(x) = 1 \quad \Leftrightarrow \quad (\chi_A(x) = 1 \text{ かつ } \chi_B(x) = 1)$$

である．このことを考慮すると，求める等式が得られる．あるいは，堅実な道を選びたい人は，以下の 4 つに場合分けして，それぞれの場合に確かめても良い：(i) $x \in A$ かつ $x \in B$ の場合，(ii) $x \notin A$ かつ $x \in B$ の場合，(iii) $x \in A$ かつ $x \notin B$ の場合，(iv) $x \notin A$ かつ $x \notin B$ の場合．

(4) $$x \in A \cup B \quad \Leftrightarrow \quad (x \in A \text{ あるいは } x \in B)$$

であるから，

$$\chi_{A \cup B}(x) = 1 \quad \Leftrightarrow \quad (\chi_A(x) = 1 \text{ あるいは } \chi_B(x) = 1)$$

である．このことを考慮すると，求める等式が得られる．(3) で述べたのと同様に，場合分けして証明しても良い．

(5) $$x \in A \quad \Leftrightarrow \quad x \notin A^c$$

であるから，

$$\chi_A(x) = 1 \quad \Leftrightarrow \quad \chi_{A^c}(x) = 0$$

である．このことを考慮すると，求める等式が得られる．

(6)
$$\begin{aligned}
\chi_{A \triangle B}(x) &= \chi_{(A \cap B^c) \cup (A^c \cap B)}(x) \\
&= \chi_{A \cap B^c}(x) + \chi_{A^c \cap B}(x) - \chi_{A \cap B^c}(x)\chi_{A^c \cap B}(x) \quad (\because \ (4)\ ) \\
&= \chi_A(x)\chi_{B^c}(x) + \chi_{A^c}(x)\chi_B(x) - \chi_A(x)\chi_{B^c}(x)\chi_{A^c}(x)\chi_B(x) \quad (\because \ (3)\ ) \\
&= \chi_A(x)\chi_{B^c}(x) + \chi_{A^c}(x)\chi_B(x) \\
&\qquad (\because \ \chi_A(x)\chi_{A^c}(x) = \chi_{A \cap A^c}(x) = 0\ ) \\
&= \chi_A(x)(1 - \chi_B(x)) + (1 - \chi_A(x))\chi_B(x) \quad (\because \ (5)\ ) \\
&= \chi_A(x) - 2\chi_A(x)\chi_B(x) + \chi_B(x) \\
&= \chi_A(x)^2 - 2\chi_A(x)\chi_B(x) + \chi_B(x)^2 \\
&\qquad (\because \ \chi_A(x), \chi_B(x) = 0 \text{ or } 1 \text{ より } \chi_A(x)^2 = \chi_A(x), \chi_B(x)^2 = \chi_B(x)\ ) \\
&= |\chi_A(x) - \chi_B(x)|^2 \\
&= |\chi_A(x) - \chi_B(x)| \\
&\qquad (\because \ |\chi_A(x) - \chi_B(x)| = 0 \text{ or } 1 \text{ より } \\
&\qquad\qquad |\chi_A(x) - \chi_B(x)|^2 = |\chi_A(x) - \chi_B(x)|\ ).
\end{aligned}$$

(135 ページの脚注の問題の解答例)

将棋を教えてやった兄は，弟にこう言った．「今日のおやつを賭けて，将棋を1局やろうぜ．」

兄は心の中でこう考えた．「オレが勝てば，おやつはオレのものだ．オレが負ければ，弟はそれだけ強くなったんだから，授業料として，おやつをもらおう．いずれにしても，おやつはオレのもんだ．」

弟は勝負しようかどうか迷ったが，受けることにした．「ボクが勝てば，おやつはボクのもんだ．ボクが負ければ，兄ちゃんの教え方がヘタだったんだから，おわびに，おやつをもらおう．どちらにしても，おやつはボクのもんだ．」

はたして，どちらがおやつを手に入れたでしょう？

(63 ページの論理パズルの解答)

まず，命題「私はダムである」を p とし，命題「黒のカードをもっている」を q とします．このゲームのルールは，次の 2 つです：

(1) 黒のカードをもっている ($q \equiv \text{I}$) なら，その発言は偽である

(2)　赤のカードをもっている ($\overline{q} \equiv$ I) なら，その発言は真である

ということです．このことを念頭において，各ラウンドにとりかかりましょう．

(第1ラウンド)　発言は「ぼくはダムだ，そして，黒のカードをもっている．」なので，$p \wedge q$ です．そこで場合分けをします．

まず「黒のカードをもっている ($q \equiv$ I)」と仮定します．このとき，発言は偽ですから，$p \wedge q$ は偽，すなわち，$\overline{p \wedge q}$ は真 ($\overline{p \wedge q} \equiv$ I) になります．ところが，$q \equiv$ I より $\overline{q} \equiv$ O であることに注意すると

$$\overline{p \wedge q} \equiv (\overline{p} \vee \overline{q}) \equiv (\overline{p} \vee \mathrm{O}) \equiv \overline{p}$$

ですから，結局，$\overline{p} \equiv$ I で，彼はダムではない，すなわち，ディーであることになります．

次に「赤のカードをもっている ($\overline{q} \equiv$ I)」と仮定します．このとき，発言は真ですから，$p \wedge q$ は真 ($(p \wedge q) \equiv$ I) になります．一方，$\overline{q} \equiv$ I より $q \equiv$ O であることに注意すると

$$(p \wedge q) \equiv (p \wedge \mathrm{O}) \equiv \mathrm{O}$$

となり，I $\equiv$ O となって矛盾です．したがって，この場合は起こり得ないことになります．以上をまとめると，**彼はディーである**ことがわかりました．

(第2ラウンド)　発言は「もしもぼくがダムなら，赤のカードをもっていないよ．」ですから，$p \rightarrow q$ です．第1ラウンドのときと同様に，場合分けをします．

まず「黒のカードをもっている ($q \equiv$ I)」と仮定します．このとき，発言は偽ですから，$p \rightarrow q$ は偽，すなわち，$\overline{p \rightarrow q}$ は真 ($\overline{p \rightarrow q} \equiv$ I) になります．ところが，$q \equiv$ I より $\overline{q} \equiv$ O であることに注意すると

$$\overline{p \rightarrow q} \equiv (p \wedge \overline{q}) \equiv (\overline{p} \wedge \mathrm{O}) \equiv \mathrm{O}$$

となって矛盾ですから，この場合は起こり得ません．

次に「赤のカードをもっている ($\overline{q} \equiv$ I)」と仮定します．このとき，発言は真ですから，$p \rightarrow q$ は真 ($(p \rightarrow q) \equiv$ I) になります．一方，$\overline{q} \equiv$ I より $q \equiv$ O であることに注意すると

$$(p \rightarrow q) \equiv (\overline{p} \vee q) \equiv (\overline{p} \vee \mathrm{O}) \equiv \overline{p}$$

ですから，$\overline{p} \equiv$ I, すなわち，**彼はダムではない，すなわち，ディーである**ことになります．

(第3ラウンド)　発言は「ぼくはダムであるか，または黒のカードをもっている．」ですから，$p \vee q$ です．これまでと同様に，場合分けをします．

まず「黒のカードをもっている $(q \equiv \mathrm{I})$」と仮定します．このとき，発言は偽ですから，$p \vee q$ は偽，すなわち，$\overline{p \vee q}$ は真 $(\overline{p \vee q} \equiv \mathrm{I})$ になります．ところが，$q \equiv \mathrm{I}$ より $\overline{q} \equiv \mathrm{O}$ であることに注意すると

$$\overline{p \vee q} \equiv (\overline{p} \wedge \overline{q}) \equiv (\overline{p} \wedge \mathrm{O}) \equiv \mathrm{O}$$

となって矛盾ですから，この場合は起こり得ません．

次に「赤のカードをもっている $(\overline{q} \equiv \mathrm{I})$」と仮定します．このとき，発言は真ですから，$p \vee q$ は真 $((p \vee q) \equiv \mathrm{I})$ になります．一方，$\overline{q} \equiv \mathrm{I}$ より $q \equiv \mathrm{O}$ であることに注意すると

$$(p \vee q) \equiv (p \vee \mathrm{O}) \equiv p$$

となり，したがって，$p \equiv \mathrm{I}$，すなわち，**彼はダムである**ことになります．

(第 4 ラウンド) 発言は「ぼくは黒のカードをもったダムか，または赤のカードをもったディーだ．」ですから，$(\boldsymbol{p \wedge q}) \vee (\boldsymbol{\overline{p} \wedge \overline{q}})$ (簡単のため，これを r とおく) となります．さて，場合分けをします．

まず「黒のカードをもっている $(q \equiv \mathrm{I})$」と仮定します．このとき，発言は偽ですから，r は偽，すなわち，$\overline{r}$ は真 $(\overline{r} \equiv \mathrm{I})$ になります．ところが，$q \equiv \mathrm{I}$ より $\overline{q} \equiv \mathrm{O}$ であることに注意すると

$$\overline{r} \equiv \overline{\{(p \wedge q) \vee (\overline{p} \wedge \overline{q})\}} \equiv \{(\overline{p} \vee \overline{q}) \wedge (p \vee q)\}$$
$$\equiv \{(\overline{p} \vee \mathrm{O}) \wedge (p \vee \mathrm{I})\} \equiv (\overline{p} \wedge \mathrm{I}) \equiv \overline{p}$$

ですから，$\overline{p} \equiv \mathrm{I}$，すなわち，彼はダムではない，すなわち，ディーであることになります．

次に「赤のカードをもっている $(\overline{q} \equiv \mathrm{I})$」と仮定します．このとき，発言は真ですから，$r$ は真 $(r \equiv \mathrm{I})$ になります．一方，$\overline{q} \equiv \mathrm{I}$ より $q \equiv \mathrm{O}$ であることに注意すると

$$r \equiv \{(p \wedge q) \vee (\overline{p} \wedge \overline{q})\} \equiv \{(p \wedge \mathrm{O}) \vee (\overline{p} \wedge \mathrm{I})\} \equiv (\mathrm{O} \vee \overline{p}) \equiv \overline{p}$$

ですから，この場合も，$\overline{p} \equiv \mathrm{I}$ となり，結局，**彼はダムではない，すなわち，ディーである**ことになります．

公 式 集

演算（命題論理）

名称・記号	真理表	論理回路の記号
否定 $\bar{p}$	$\begin{array}{\|c\|c\|} \hline p & \bar{p} \\ \hline 1 & 0 \\ \hline 0 & 1 \\ \hline \end{array}$	
論理積 $p \wedge q$	$\begin{array}{\|c\|c\|c\|} \hline p & q & p \wedge q \\ \hline 1 & 1 & 1 \\ \hline 1 & 0 & 0 \\ \hline 0 & 1 & 0 \\ \hline 0 & 0 & 0 \\ \hline \end{array}$	
論理和 $p \vee q$	$\begin{array}{\|c\|c\|c\|} \hline p & q & p \vee q \\ \hline 1 & 1 & 1 \\ \hline 1 & 0 & 1 \\ \hline 0 & 1 & 1 \\ \hline 0 & 0 & 0 \\ \hline \end{array}$	

法　則（命題論理）

名　称	法　則
反射律	$\bar{\bar{p}} \equiv p$
ベキ等律	$p \wedge p \equiv p$ $p \vee p \equiv p$
交換律	$p \wedge q \equiv q \wedge p$ $p \vee q \equiv q \vee p$
結合律	$(p \wedge q) \wedge r \equiv p \wedge (q \wedge r)$ $(p \vee q) \vee r \equiv p \vee (q \vee r)$
分配律	$p \wedge (q \vee r) \equiv (p \wedge q) \vee (p \wedge r)$ $p \vee (q \wedge r) \equiv (p \vee q) \wedge (p \vee r)$ $(p \vee q) \wedge r \equiv (p \wedge r) \vee (q \wedge r)$ $(p \wedge q) \vee r \equiv (p \vee r) \wedge (q \vee r)$
吸収律	$p \wedge (p \vee q) \equiv p$ $p \vee (p \wedge q) \equiv p$
ド・モルガンの法則	$\overline{p \wedge q} \equiv \bar{p} \vee \bar{q}$ $\overline{p \vee q} \equiv \bar{p} \wedge \bar{q}$

法則（命題論理）： 続き

名　称	法　則
排中律	$p \vee \bar{p} \equiv \mathrm{I}$
矛盾律	$p \wedge \bar{p} \equiv \mathrm{O}$
恒真命題の性質	$p \wedge \mathrm{I} \equiv \mathrm{I} \wedge p \equiv p$ $p \vee \mathrm{I} \equiv \mathrm{I} \vee p \equiv \mathrm{I}$
恒偽命題の性質	$p \wedge \mathrm{O} \equiv \mathrm{O} \wedge p \equiv \mathrm{O}$ $p \vee \mathrm{O} \equiv \mathrm{O} \vee p \equiv p$

演算（述語論理）

記号	読み方	内容
$\forall x\ p(x)$	すべての x について $p(x)$ あるいは 任意の x について $p(x)$	$\forall x\ p(x)$ $=\text{``}p(x_1) \land p(x_2) \land \cdots\text{''}$
$\exists x\ p(x)$	ある x について $p(x)$	$\exists x\ p(x)$ $=\text{``}p(x_1) \lor p(x_2) \lor \cdots\text{''}$

法　則（述語論理）

ド・モルガンの法則

$$\overline{\forall x\ p(x)} \equiv \exists x\ \overline{p(x)}$$

$$\overline{\exists x\ p(x)} \equiv \forall x\ \overline{p(x)}$$

$$\forall x\ \forall y\ p(x,y) \equiv \forall y\ \forall x\ p(x,y)$$

$$\exists x\ \exists y\ p(x,y) \equiv \exists y\ \exists x\ p(x,y)$$

$$\exists x\ \forall y\ p(x,y) \implies \forall y\ \exists x\ p(x,y)$$

一般には
$$\exists x\ \forall y\ p(x,y) \not\equiv \forall y\ \exists x\ p(x,y)$$
$$\uparrow$$
注意!!

おまけ：Q and A*

(コメント)　「論理」はパズルみたいで，あまり数学らしくないのでは？

(回答)　「論理」って，確かに数学っぽくないので，とまどうことも多いかもしれません．ただ，サッカーがやりたくてサッカー部に入ったからといって，いきなり試合はできないですよね．本書で扱っているような「論理」の基本事項は，「筋力トレーニング」や「走り込み」に相当します．このあたりをちゃんとやっておくと，知らず知らずのうちに，「**数学の基礎体力**」がついてきます．

(コメント)　論理を勉強するのに何かコツはありますか？

(回答)　「論理」は難しいという印象があるかもしれませんが，見た目より簡単です．覚えておく必要のある事柄も少ないですし，真理表の書き方や同値変形の仕方など，いくつかの方法を身につければ，あとは慣れの問題です．具体例や演習問題で実践あるのみです．

(コメント)　数学は何から勉強したら良いのでしょうか？

(回答)　**自分の好きなところから勉強すれば良いと思いますよ**．まずはいろいろやってみること．興味の対象もどんどん変化していくでしょうし，飽きたら別

---

* これは，学生から実際に出た質問をもとにしている．

おまけ：Q and A

のことをやれば良いです．そのうちに自分に合ったものが見つかるでしょう．

> （コメント）　数学の教科書を選ぶときのポイントを教えてください．

（回答）　専門書のようなものでなくて，たくさんある教科書の中でどれを選ぶかという話に限定することにします．その場合はやはり，本屋で実際に手に取ってみて，フィーリングの合うものが一番だと思います．**極端な話をすると，どんな名著であっても，例えば，「表紙のデザインが嫌いだ」**と思ったら，せっかく買ってきても，結局読まないことになるかもしれません．自分に合った本を選ぶのが大切なことだと思います．

> （コメント）　第 2 章の章末の演習問題 [3] は本当に命題でしょうか？　「クレヨンしんちゃん」はタイトルであり，主人公「野原しんのすけ」を指すものではありません．人によっては，そうとるかもしれませんが，別の人は，これを登場人物に表れる人間性ととるかもしれません．これは客観的判断が難しいものと思われます．

（回答）

(1)　結論を否定して，矛盾を出すことにより証明する方法を「**背理法**」と呼ぶ．
(2)　仮定を疑って，矛盾を出そうとする方法を「**へりくつ**」と呼ぶ．

> （コメント）　第 2 章の章末の演習問題 [4] の (5) について質問です．「バカボンのパパ」は生まれたときから（バカボンが生まれる前から），名前が「バカボンのパパ」であることについて，どうお考えですか？

（回答）　まず，本題に入る前に言っておきますが，「バカボンのパパ」は，最も尊敬すべき人物の一人です．どのような状況においても，あわてず騒がず，回りの世界を達観し，そして最後に静かに「これでいいのだ」の一言．すばらしい…，

完璧です．

　質問の回答ですが，「バカボンのパパ」は，あくまで「バカボンのパパ」という一つの固有名詞であり，「『バカボン』の『パパ』」ではありません．したがって，「バカボン」は，「『バカボンのパパ』の息子」と呼ぶのが，正しい表現であると思われます．ちなみに，「サリーちゃんのパパ」もきっと，「サリーちゃんのパパ」が生まれた瞬間から，そう呼ばれていたに違いありません．

（コメント）　この本の演習問題は大人気ないのでは？

（回答）　ボク，こどもだから，よくわかりまちぇん．

（コメント）　この本のギャグは，とても寒いような気がしますが….

（回答）　この本に書かれてある高度なギャグについていくためには，まだまだ修行が必要です．がんばってください．

尊敬する人物

索　引

【記号】

0　11
1　11
$\mathfrak{a}$　167
$\mathfrak{c}$　167
$\aleph$　167
$\aleph_0$　167
$\bar{p}$　14
$\sim p$　14
$\neg p$　14
$p \wedge q$　16
$p \vee q$　19
$p \cdot q$　16
$p + q$　19
$p \mid q$　38
$p \downarrow q$　38
$p \to q$　43
$p \equiv q$　22, 58
$p \Rightarrow q$　51
$p \Leftrightarrow q$　58
$x \in X$　131
$x \notin X$　131
$X - Y$　144
$X \setminus Y$　144
$X = Y$　134
$X \neq Y$　134
$X \subset Y$　134
$X \subseteq Y$　135
$X \subsetneq Y$　134
$X \subsetneq Y$　135

$Y \supset X$　134
$X \cap Y$　139
$X \cup Y$　139
$X \triangle Y$　146
$\#X$　138
$\mathbb{N}$　130
$\mathbb{Z}$　130
$\mathbb{Q}$　130
$\mathbb{R}$　130
$\mathbb{C}$　130
T　11
F　11
I　40
O　40
1_X　156
id_X　156
$g \circ f$　155
$\emptyset$　131
$\mathcal{P}_X$　136
2^X　136
B^A　175
$\stackrel{def}{=}$　150
$:=$　150
$=:$　150
=(濃度の)　164
≤(濃度の)　165
≥(濃度の)　165
$\prec$　165
$\preceq$　165
$\hookrightarrow$　151
$\rightarrowtail$　151

$\twoheadrightarrow$　151
$\hookrightarrow$　151
$\stackrel{def}{\Leftrightarrow}$　150
$\forall x\ p(x)$　82
$\forall x \in X\ p(x)$　82
$\forall x_i\ p(x_1, \cdots, x_n)$　89
$\forall x_i \in X_i\ p(x_1, \cdots, x_n)$　89
$\exists x\ p(x)$　94
$\exists x \in X\ p(x)$　94
$\exists x_i\ p(x_1, \cdots, x_n)$　99
$\exists x_i \in X_i\ p(x_1, \cdots, x_n)$　99

【欧文】

aleph　167
all　82
AND　17, 37
AND 回路　17
any　82

Benardete　169
bijection　151
Boole　32
Brouwer　42

calculate　161
calculus　161
Cantor　168
cardinal number　163
characteristic function　176
complement　147
complex number　130
conjunction　16
contradiction　40
contraposition　47
corollary　1
countable　168

D'Alembert　34
de Broglie　34
definition　1
de l'Hôpital　34
de Moivre　33

de Morgan　33
de Rham　33
difference set　144
direct product　146
direct product set　146
disjunction　19
domain　150
dual　152
duality　32, 156

empty set　131
enumerable　168
EOR　38
ε-δ 論法　122
example　1
exclusive　38
exist　94
extensive　133

false　11
function　150
fuzzy set　176

group　212

Hilbert　42, 169

identity map　156
image　150
inclusion　151
inclusion map　151
injection　151
integer　130
intensive　133
intersection　139
inverse image　152
inverse map　152

join　139

lattice　32
Leibniz　178
lemma　1

索　引

logical product　16
logical sum　19

map　150
meet　139
membership function　179
Moore　169
mutually disjoint　144

NAND　38
natural number　130
non-standard analysis　178
non-standard element　178
NOR　38
NOT　16, 37
NOT 回路　16

OR　20, 37
order　114
order の算法　114
OR 回路　20

Peirce's function　38
product set　146
proof　1
proposition　1

quotient　130

range　150
rational number　130
real number　130
remark　1
reverse　47
ring　32

s.t.　109
self-contained　32
set　129
Sheffer's stroke　38
surjection　151
symmetric difference set　146

tautology　40
theorem　1
true　11
truth value　11

ultraproduct　178
uncountable　168
union　139

value　150
variable　150

well-defined　157

XOR　38

Zahl　130

【ア行】

値　150
ある　94
アレフ　167
アレフ・ゼロ　167

以下である (濃度が)　165
以上である (濃度が)　165
位相　172
位相空間　172
一意的　157
一意的に存在　157
一様収束　122
一般性を失わない　86
イデオロギー　42
イプシロン・デルタ論法　122

嘘つきパラドックス　10

演算　212

お経　115

【カ行】

外延的　133
可換群　212
限りなく　112
可算　168
可算濃度　167
カタツムリ　21
かつ　16
家庭用タコ焼き器　26
カマンベール　34
神の原理　158
環　32
含意　51
関数　150
カントール　168, 171
カントールの対角線論法　171

偽　11
記号の強弱　24, 70
記号論理学　13, 21, 125
基数　163
詭弁　135
逆　47
逆関数　155
逆元　212
逆写像　152
逆説　135
逆像　152
逆理　135
吸収律　31
共通部分　139, 142

空間　172
空集合　131
クレタ人　10
クレタ島　10
クレヨンしんちゃん　123, 223
群　212

系　1
計算する　161

形式論理学　21
結合律　26, 139
結石　161
ゲーデル　10
元　129

小石　161
交換律　25, 139
恒偽命題　40
恒偽命題関数　40
恒真命題　40
恒真命題関数　40
合成関数　155
合成写像　155
合接　16
恒等写像　156
公理　42, 85
これでいいのだ　223
献立表　20
コンピュータ　11

【サ行】

差集合　144
シェファーのストローク　38
次元　172
四元数　130
自然数　130
実数　130
写像　150
宗教　42
集合　129
集合が等しい　134
集合が等しくない　134
集合族　136
十分条件　51
述語論理学　125
順序関係　166, 178
上限　122
条件命題　43
浄土真宗　42
証明　1, 50

索　引

229

証明は伝達手段　50
ジレンマ　135
真　11
人生幸朗　39
真部分集合　134
真理値　11
真理表　14

推論　42
推論規則　42, 85
数学基礎論　42
数学的構造　172
数学の基礎体力　222
数理論理学　13, 21, 125
すべての　82

整数　130
積和標準形　201
全員集合　147
線形空間　172
線形構造　172
選言　19
全射　151
全順序　166
全称記号　82
全称作用素　82
全称命題　82
全称命題関数　89
全体集合　141, 147
全体否定　106
選択公理　158
全単射　151

像　150
双対性　32, 156
双対的　152
束　32
属さない　131
属する　131
存在記号　94
存在作用素　94
存在する　94

存在命題　94
存在命題関数　99

【タ行】

対角線論法　171
対偶　47
対偶法　64
対称差集合　146, 175
代数構造　172
対等　164
互いに素　144
高々可算　168
多値論理　12, 21
ダランベール　34
単位元　212
単射　151

値域　150
注意　1
超限的　42, 158
超実数　178
超準解析　178
超準元　178
超積　178
直積　146
直積集合　146
直接法　64
直観　42
直観主義　41

定義　1
定義域　77, 150
定性的　114
定理　1
定量的　114

同値　22
同値関係　58, 166
同値変形　37
同値類　59
ど解析　34
特称記号　94

特称作用素　94
特称命題　94
特性関数　176
どっこいしょ現象　115
ド・ブロイ　34
ド・モアブル　33
ド・モルガン　33
ド・モルガンの法則　33, 106
ド・ラム　33

【ナ行】

内包的　133

2 進数　11
2 進法　11
任意の　82, 112

濃度　163
濃度以下である　165
濃度以上である　165
濃度が等しい　164

【ハ行】

排他的　38
排他的論理和　38
排中律　41
背理法　64, 223
バカボン　223
バカボンのパパ　124, 223
パースの関数　38
パラドックス　135
反射律　22
バンドル　32
反例　87

非可算　168
微小量　112
微積分　161
左逆写像　157
必要十分条件　58
必要条件　51

否定　13
否定的論理積　38
否定論理和　38
等しい (集合が)　134
等しい (濃度が)　164
等しくない (集合が)　134
微分構造　172
ヒルベルト　42, 169

ファジー集合　176
ファジー論理　12, 21
不完全性定理　10
複素数　130
不等式　114
不等式で評価する　114
部分集合　134
部分否定　106
ブラウエル　42
フランケンシュタイン　166
ブール　32
ブール代数　32
文学的表現　112
分配律　30, 139

ベキ集合　136
ベキ等律　23
ヘーゲルの弁証法　21
ベナルデーテ　169
へりくつ　223
ベルンシュタイン　166
変域　77
弁証法　21
弁証法的論理学　21
ベン図　180
変数　150

包含写像　151
星の数ほど　113
補集合　141, 147
補題　1

【マ行】

交わり　139

右逆写像　157
水戸黄門の印籠　39
弥勒菩薩　84

ムーア　169
無限　113
無限集合　138
無限小解析　178
矛盾律　41
結び　139

命題　1, 7
命題関数　77
命題論理学　125
メタ記号　52
メンバーシップ関数　179

【ヤ行】

有限集合　138
有限の立場　42
有理数　130
ユークリッド空間　147

要素　129
様相論理学　111

【ラ行】

ライプニッツ　178
ラッセルのパラドックス　10, 135

離接　19
領域　150
両刀論法　135

例　1
連結開集合　150
連言　16
連続体仮説　167
連続濃度　167

ロピタル　34
論理演算　37
論理回路　15
論理関数　37
論理記号　14
論理式　53
論理積　16, 37
論理設計　15
論理パズル　63
論理和　19, 37

【ワ行】

和集合　139, 142
和積標準形　201

ギリシャ文字の一覧表

数学では，ギリシャ語のアルファベットを記号として用いることがあります．そこで，ギリシャ文字とその"読み方"(日本語表記) を以下にまとめておくことにします．**日本語表記は，数学において標準的と思われるものを採用しました**[*]．(ほとんどのものは自然科学の分野で標準的です.)

ギリシャ文字 (小文字)	ギリシャ文字 (大文字)	(数学における) 日本語表記	ローマ字つづり
α	A	アルファ	alpha
β	B	ベータ	beta
γ	Γ	ガンマ	gamma
δ	Δ	デルタ	delta
ϵ, ε	E	イプシロン[**]	epsilon
ζ	Z	ゼータ	zeta
η	H	エータ，イータ	eta
θ, ϑ	Θ	シータ，テータ[†]	theta
ι	I	イオタ	iota
κ	K	カッパ	kappa
λ	Λ	ラムダ	lambda
μ	M	ミュー	mu
ν	N	ニュー	nu
ξ	Ξ	クシー，クサイ，グザイ	xi
o	O	オミクロン	omicron
π	Π	パイ	pi
ρ	P	ロー	rho
σ	Σ	シグマ	sigma
τ	T	タウ	tau
υ	Υ	ウプシロン，ユプシロン	upsilon
ϕ, φ	Φ	ファイ	phi
χ	X	カイ	chi
ψ	Ψ	プサイ	psi
ω	Ω	オメガ	omega

[*] このように書きましたのも，π(パイ), ϕ(ファイ), χ(カイ), ψ(プサイ) については，実際のギリシャ語での発音はそれぞれピー，フィー，キィー，プシーの方が原音に近いからです．

[**] 「エプシロン」の方が原音に近く，そう表記する人もいますが，数学では「イプシロン」が標準的です．

[†] θ を角度の記号として表すときは「シータ」と読むことが多いですが，ϑ や Θ という記号で表される特別な関数は，「テータ関数」と呼ばれています．そのまま「ϑ 関数」とか「Θ 関数」と書くことも多いです．ちなみに，「テータ」の方が，もともとのギリシャ語の発音に近いみたいです．

著者紹介

中 内 伸 光 (なか うち のぶ みつ)

1983年 大阪大学大学院理学研究科修士課程修了
現　在　山口大学理工学研究科 教授
　　　　博士（理学）

数学の基礎体力をつけるための ろんりの練習帳	著　者　中内伸光 ⓒ 2002
	発行者　南條光章
2002 年 2 月 25 日　初版 1 刷発行 2022 年 9 月 5 日　初版18刷発行	発行所　**共立出版株式会社** 　　　　東京都文京区小日向 4-6-19 　　　　電話　東京(03)3947-2511 番（代表） 　　　　郵便番号 112-0006 　　　　振替口座 00110-2-57035 番 　　　　URL www.kyoritsu-pub.co.jp
	印　刷　加藤文明社
	製　本　協栄製本
検印廃止 NDC 410.9 ISBN 978-4-320-01700-9 Printed in Japan	一般社団法人 自然科学書協会 会員

JCOPY ＜出版者著作権管理機構委託出版物＞

本書の無断複製は著作権法上での例外を除き禁じられています．複製される場合は，そのつど事前に，出版者著作権管理機構（ＴＥＬ：03-5244-5088，ＦＡＸ：03-5244-5089，e-mail：info@jcopy.or.jp）の許諾を得てください．

◆ 色彩効果の図解と本文の簡潔な解説により数学の諸概念を一目瞭然化！

ドイツ Deutscher Taschenbuch Verlag 社の『dtv-Atlas事典シリーズ』は，見開き2ページで1つのテーマが完結するように構成されている。右ページに本文の簡潔で分り易い解説を記載し，かつ左ページにそのテーマの中心的な話題を図像化して表現し，本文と図解の相乗効果で理解をより深められるように工夫されている。これは，他の類書には見られない『dtv-Atlas 事典シリーズ』に共通する最大の特徴と言える。本書は，このシリーズの『dtv-Atlas Mathematik』と『dtv-Atlas Schulmathematik』の日本語翻訳版。

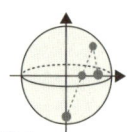

カラー図解 数学事典

Fritz Reinhardt・Heinrich Soeder ［著］
Gerd Falk ［図作］
浪川幸彦・成木勇夫・長岡昇勇・林　芳樹 ［訳］

数学の最も重要な分野の諸概念を網羅的に収録し，その概観を分り易く提供。数学を理解するためには，繰り返し熟考し，計算し，図を書く必要があるが，本書のカラー図解ページはその助けとなる。

【主要目次】　まえがき／記号の索引／序章／数理論理学／集合論／関係と構造／数系の構成／代数学／数論／幾何学／解析幾何学／位相空間論／代数的位相幾何学／グラフ理論／実解析学の基礎／微分法／積分法／関数解析学／微分方程式論／微分幾何学／複素関数論／組合せ論／確率論と統計学／線形計画法／参考文献／索引／著者紹介／訳者あとがき／訳者紹介

■菊判・ソフト上製本・508頁・定価6,050円(税込)■

カラー図解 学校数学事典

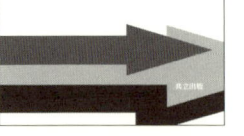

Fritz Reinhardt ［著］
Carsten Reinhardt・Ingo Reinhardt ［図作］
長岡昇勇・長岡由美子 ［訳］

『カラー図解 数学事典』の姉妹編として，日本の中学・高校・大学初年級に相当するドイツ・ギムナジウム第5学年から13学年で学ぶ学校数学の基礎概念を1冊に編纂。定義は青で印刷し，定理や重要な結果は緑色で網掛けし，幾何学では彩色がより効果を上げている。

【主要目次】　まえがき／記号一覧／図表頁凡例／短縮形一覧／学校数学の単元分野／集合論の表現／数集合／方程式と不等式／対応と関数／極限値概念／微分計算と積分計算／平面幾何学／空間幾何学／解析幾何学とベクトル計算／推測統計学／論理学／公式集／参考文献／索引／著者紹介／訳者あとがき／訳者紹介

■菊判・ソフト上製本・296頁・定価4,400円(税込)■

www.kyoritsu-pub.co.jp　　共立出版　　(価格は変更される場合がございます)